Wolfgang Kraus
Erik Eckerman (Hrsg.)

Nutzfahrzeuge
Gestern - Heute - Morgen

MAN Truck Forum
München - Allach
18. Oktober 2013

Automobil-Kolloquium 2013
Dokumentation

Programmfachausschuss des Kolloquiums

Dipl.-Ing. Carsten Brink
Dipl.-Ing. Peter Diehl
Dipl.-Ing. (FH) Erik Eckermann
Dipl.-Ing. Dirk Jurgasch
Prof. Wolfgang Kraus
Dr. Marcel Schoch
Dipl.-Ing. Rainer Simons
Prof. Dr. Rainer Wieler

Die Tagung wurde realisiert
mit freundlicher Unterstützung der
MAN Nutzfahrzeuge AG und dem ADAC München

Bibliografische Information der Deutschen Nationalbibliothek: Die Deutsche Nationalbibliothek verzeichnet diese Publikation in der Deutschen Nationalbibliografie; detaillierte bibliografische Daten sind im Internet über www.dnb.de abrufbar.

Gestaltung und Layout Wolfgang Kraus

© 2015 Wolfgang Kraus, Erik Eckermann (Hrsg.)

Herstellung und Verlag:
BoD – Books on Demand, Norderstedt

ISBN 978-3-7347-8786-7

Vorwort

Nutzfahrzeuge Gestern - Heute - Morgen

Unter diesem Thema hat der Programmfachausschuss des Kolloquiums mit Unterstützung der MAN NFZ AG und des ADAC das erste Automobil-Kolloquium zu Themen des Nutzfahrzeugs abgehalten.

Behandelt wurden historische, volkswirtschaftliche und technische Themen wie Geschichte der Nutzfahrzeugfirmen Büssing/MAN, Volkswagen und Steyr, alternative Antriebe im Nutzfahrzeugbau, Nutzfahrzeug-Design, Omnibusentwicklungen
seit den 1950er Jahren und Gigaliner pro und contra.

Als Referenten stellten Fachleute aus Industrie, Hochschule, Fachjournalismus und Historik ihre Themen vor.

Aus technischen Gründen konnte die Dokumentaion erst 2015 fertig gestellt werden. Die geplante Druckversion war aus Kostengründen und dem Rückzug eines Sponsors nicht mehr kurzfristig realisierbar. Die Sortierung der Vorträge erfolgt in der zeitlichen Reihenfolge des Kolloquiums.

Der Fachausschuss bedankt sich bei den zahlreichen Besuchern des Kolloquiums und wünscht viel Freude beim Studium der Tagungsdokumentation.

München, im Frühjahr 2015

Wolfgang Kraus
Erik Eckerman (Hrsg.)

Inhalt

		Seite
Begrüßung Vorstellung der MAN NFZ AG	Stefan Peiker	07
110 Jahre MAN Nutzfahrzeuggeschichte oder von der grauen Katze bis zum TGX	Georg Zimmermann	15
Diversifizierung statt Monopol des Erdöls Alternative Antriebe im Nutzfahrzeugbau	Eberhard Hipp	42
Vom Bulli bis zum Constellation VW-Nutzfahrzeuge in Deutschland und Übersee	Manfred Grieger	60
Vom Leiterrahmen zum selbsttragenden Aufbau Eigenständige Busentwicklungen seit 1951	Robert („Bob") Lee	69
Personenwagen, Nutzfahrzeuge, Sonderkonstruktionen - 150 Jahre Steyr	Karl-Heinz Rauscher	103
Transportnachfrage oder Industrieinteresse Pro und Contra Gigaliner	Gerhard Grünig	122
Nutzfahrzeuge Design Gestern – Heute – Morgen	Wolfgang Kraus	129

Begrüßung der Teilnehmer
Dr. Stefan Peiker

„Nutzfahrzeuge gestern, heute und morgen" – das Motto der AHG Tagung – wird auch bei MAN groß geschrieben. Daher freue ich mich umso mehr, dass Sie sich bei der Wahl Ihres Veranstaltungsortes für das MAN Truck Forum entschieden haben, wo Sie das Gestern, Heute und Morgen eines der größten Nutzfahrzeugherstellers Europas hautnah erleben können.

Zum „Gestern": Wir legen Wert auf über 250 Jahre Unternehmensgeschichte. Zu erwähnen ist hierbei das älteste zur Unternehmensgeschichte gehörige Fahrzeug, die „graue Katze", die bereits im Jahre 1900 als Versuchsfahrzeug eingesetzt wurde. Mit einem Bestand an rund 30 historischen Fahrzeugen hütet MAN noch heute die Schätze dieser Vergangenheit. Unsere Oldtimerausstellung macht spürbar, welche Leidenschaft hinter den Produkten von MAN steckt. Es ist dieselbe Hingabe, die Sammler in den Erhalt und Pflege ihrer historischen Modelle stecken, die MAN-Ingenieure zur Entwicklung immer besserer Technik für neue Fahrzeuge antreibt.

Einen Überblick über das „Heute" bei MAN gibt das Branchen Competence Center im Truck Forum – Wer im Transportgeschäft tätig ist weiß, dass eine praxisgerechte System-kombination von Fahrzeug und Aufbau die Basis für höchste Transporteffizienz im Fuhrpark darstellt. Dabei hat jede Branche ihre eigenen Anforderungen und jedes Unternehmen seine spezifischen Bedingungen. In einer Wechselausstellung von rund 30 Fahrzeuglösungen inklusive Aufbau können Sie sich über das „Heute" in der Theorie und Praxis informieren.

MAN blickt nach vorne. Ein mögliches Zukunftsszenario spiegelt sich in der Studie Concept S, die prominent im Truck Forum platziert ist. Mit dem Concept S wollten wir zeigen, was an Energieeffizienz und damit CO_2-Einsparung im Bereich Lkw möglich ist. Das Studienfahrzeug hat ein stromlinienförmiges Design und soll sich von den kubisch geformten Lkw heutiger Bauart unterscheiden. Allein durch diese aerodynamischen Anpassungen würde der MAN Concept S weniger Kraftstoff als gewöhnliche Fahrzeuge verbrauchen. Mit der Studie Concept S wollte MAN einen Anstoß zur Diskussion über die bestehenden gesetzlichen Längen-und Gewichtsbegrenzungen bei Nutzfahrzeugen in Europa leisten.

Ich hoffe, dass Sie mit Ihrer Tagung bei uns den MAN-Bogen vom „Gestern" über das „Heute" zum „Morgen" erlebnisreich spannen konnten. Für Ihre wertvolle Vereinsarbeit wünsche ich Ihnen alles Gute und vor allem viel Erfolg für die nächsten Jahre, die Schätze der Automobilhistorie weiterhin für zukünftige Generationen zu erhalten.

Vita
Dr. Stefan Peiker
Vice President

MAN Truck & Bus AG
Order Management (SNO)
Dachauer Straße 667
D-80995 München

Foliendokumentation
Dr. Stefan Peiker, Begrüßung

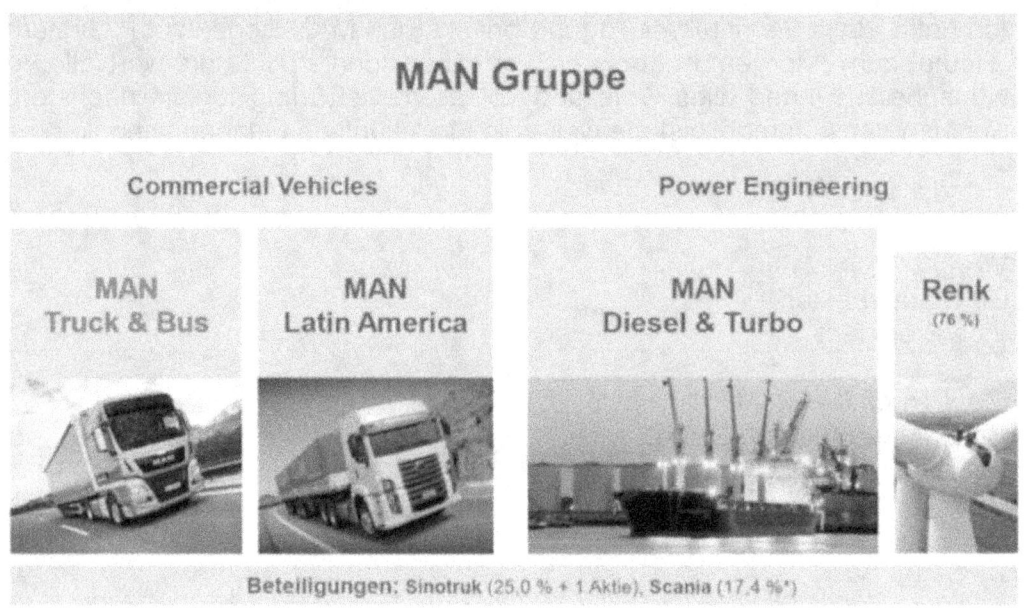

MAN im Überblick
Fortschritt macht Geschichte

1897	1915	1923	1951	1955	1971	1979	1990	1991
Erster Dieselmotor der Welt, entwickelt und gebaut bei MAN	Erster MAN-Lastkraftwagen	Erste marktreife Direkteinspritzung für Fahrzeugdieselmotoren	Erster dt. Lkw-Dieselmotor mit Abgasturboaufladung, entwickelt von MAN	Gründung des MAN Werkes München	Übernahme der Büssing-Automobilwerke sowie der ÖAF-Graf & Stift AG	Anwendung der Ladeluftkühlung bei Turbodieselmotoren	Übernahme der Steyr Nutzfahrzeuge AG	Einführung der Niederflurbusreihe

1993	2000	2001	2004	2005	2007	2010	2012	2012
Einführung der Leichten Reihe L 2000	Einführung der Trucknology® Generation TGA	Übernahme der Marke NEOPLAN	Einführung D20 Common-Rail-Motoren	Einführung der Lkw-Baureihen TGL, TGM	Einführung der Lkw-Baureihen TGS, TGX	MAN-Hybrid-Stadtbus geht in Serie	Vorstellung des neuen NEOPLAN Jetliner	Einführung der neuen TG-Baureihen in Euro 6

MAN im Überblick
Umsatzverteilung

- Schwerlastwagen — 47%
- Leichte und mittelschwere Lastwagen — 10%
- Umsatz 2012: 8 822 Mio €
- Busse (MAN und NEOPLAN) — 10%
- Services/After Sales & Parts — 21%
- 6%
- 6%
- MAN TopUsed
- Motoren/Komponenten

MAN im Überblick
Kennzahlen 2012

	2012	2011	Δ
Auftragseingang (Mio €)	9 150	9 514	- 4%
Absatz Lkw (Stück)	74 680	77 643	- 4%
Absatz Bus (Stück)	5 286	5 775	- 8%
Umsatz (Mio €)	8 822	8 984	- 2%
Mitarbeiter (Anzahl)	34 376	33 925	+1%
Op. Ergebnis (Mio €)	**221**	**564**	-

Alle Daten sind exklusive MFI.

Unsere Produkte
Lkw Long haul

- MAN TGX
- MAN TGS

- MAN TGS WW
- MAN CLA

Unsere Produkte
Lkw Traction

- MAN TGX
- MAN TGS
- MAN TGM

- MAN TGS WW

- MAN CLA

Unsere Produkte
Lkw Distribution

- MAN TGX
- MAN TGS
- MAN TGS WW

- MAN TGM
- MAN TGL
- MAN CLA

Unsere Produkte
MAN Bus

- MAN Lion´s Coach
- MAN Lion´s Regio
- MAN Lion´s City
- MAN Chassis

Unsere Produkte
NEOPLAN Bus

- NEOPLAN Skyliner
- NEOPLAN Starliner
- NEOPLAN Cityliner
- NEOPLAN Tourliner

Unsere Produkte
NEOPLAN Bus - Jetliner

- vielseitig kombinierbarer Premium-Bus für jeden Tag
- Einstiegsmodell in die Premium-Klasse mit umfangreicher Serienausstattung und Sharp Cut Design
- überzeugt sowohl als Linien- als auch als Reisebus

MAN Truck & Bus Foren
Key facts

▶ Schaffung einer Erlebnis- und Kompetenzwelt für Kunden mit den drei Teilbereichen Kundencenter, Branchen Competence Center & Markenwelt

	Truck Forum	Bus Forum
Gebäudelänge	170 m	135 m
Bruttogeschossfläche	12.850 m²	3.150 m²
Ausstellungsfläche	7.000 m²	2.900 m²
Betonverbrauch	5.000 m³	2.450 m³
Stahlverbrauch	800 to	475 to
Bauzeit	13 Monate	10 Monate
Eröffnung	15. Juni 2009	17. März 2010

MAN Truck & Bus Foren
Teilbereiche im Überblick

Markenwelt
- MAN & NEOPLAN
- 400 qm Markenerlebnisfläche
- Bereiche: Innovation, Effizienz, Historie, Umwelt
- statische & dynamische Elemente

Branchen Competence Center
- Showroom für Transportlösungen
- Aufbauberatung /-betreuung
- Trucks to go
- Probefahrten
- branchenspezifische Events

Kundencenter
- Fahrzeugübernahme von der Produktion
- Fahrzeugvorbereitung
- Fahrzeugeinweisung
- Fahrzeugübergabe- Abnahme
- Technische Dokumentation
- Dienstleistungsbausteine (Werkführung, Schulung, Catering, Shuttleservices, Rahmenprogramm etc.)

MAN Truck & Bus Forum
Kundencenter

- Erhöhung der Kundenzufriedenheit
- Reduzierung der Beanstandungen
- einheitliche Fahrzeugübernahme, -abnahme und -übergabestandards an allen Standorten für Bus und Lkw
- schnelle und zuverlässige Erstellung von Zulassungsdokumenten

Standort	Produkt
München	Lkw & Bus
Salzgitter	Lkw & Bus
Plauen	Bus
Posen	Bus
Ankara	Bus

Vielen Dank für die Aufmerksamkeit.

110 Jahre MAN Nutzfahrzeuggeschichte
oder
von der grauen Katze bis zum TGX
Dipl.-Ing. Georg Zimmermann

Zusammenfassung

Im Vordergrund des Vortrags stehen die historischen Fahrzeuge im Bestand der MAN Truck & Bus AG. Damit werden wichtige Meilensteine der langen Nutzfahrzeug Geschichte vorgestellt. Sie beginnt 1903 und berührt viele Entwicklungen. Darunter der erste von MAN vollständig konstruierte Lkw datiert von 1925. Ein 5 Tonner mit Kardanantrieb. Vorgestellt werden die graue Katze von 1900/ 1903 und die wichtigsten Daten der Heinrich Büssing Entwicklung bis zur Übernahme 1971 durch die MAN.

Galt vor der Übernahme von Büssing das Datum 1915 als Geburtsstunde des MAN Nutzfahrzeugbaus, wurde durch die Übernahme von Büssing das Geburtsjahr auf 1903 erweitert. Damit löst sich das Rätsel der 110 Jahre MAN Nutzfahrzeugbau 1903 – 2013.

Beschrieben werden Meilensteine wie der erste Diesel-Lkw mit Direkteinspritzung, der stärkste Diesellastwagen 1932 und nach dem 2. Weltkrieg die steile Entwicklung der MAN Lkw- Entwicklung. Das neue Werk in München und die Pausbacke dürfen nicht fehlen. Die Kooperation mit Volkswagen 1977 – 1993 und die erfolgreichen Produkte der Baureihen F90, F2000, TG-A bis zu den aktuellen Fahrzeugen der TG-X Baureihe.

Vita
Dipl.-Ing. Georg Zimmermann

Seit 1985 bei der MAN Truck & Bus AG
Als Abteilungsleiter des Kundencenter München.
Auslieferung und Übergabe von Lkw und Bussen an Kunden.
Betreuung historischer Fahrzeuge im Unternehmen.
Beteiligt an verschiedenen Publikationen zur MAN und Nutzfahrzeuggeschichte.

Foliendokumentation
Dipl.-Ing. Georg Zimmermann, 110 Jahre MAN

Sehr geehrte Damen und Herren,
Sehr geehrter Herr Professor Kraus!

Zunächst darf ich Sie auch von meiner Seite im Truck Forum der MAN das im Juni 2009 eröffnet wurde begrüßen. Lassen sie mich zuerst Werbung in eigener Sache machen. Bereits seit 1977 betreiben wir im Großteil dieser Infrastruktur ein Kundencenter. Fahrzeugabholende Kunden erhalten vielfältige Dienstleistungen rund um das Produkt.

Neben dem eigentlichen Highlight der Fahrzeugübergabe – bieten wir unseren Kunden unter anderem regelmäßige Fahrerschulungen, Führungen durch die Produktion, Bus-Shuttles und sonstige Dienstleistungen zum Beispiel die Zulassung des Fahrzeugs an.

Ein Restaurantbesuch ist selbstverständlich im Abholpaket dabei. Die berühmte Münchner Weißwurst darf dabei nicht fehlen. Der Tag der Abholung wird dann in Summe für den Kunden zum besonderen Erlebnis und wir hoffen damit einen wesentlichen Beitrag zur Kundenbindung zu leisten. Ich habe heute das Vergnügen, mit ihnen eine 30-minütige Zeitreise durch 110 Jahre MAN Nutzfahrzeuggeschichte machen zu dürfen. Mit der zur Verfügung stehenden Zeit von 16 Sekunden pro Jahr erlauben sie mir hoffentlich auf dieser Strecke einige „Abkürzungen" machen zu dürfen. Herr Professor Kraus gab mir folgenden Arbeitstitel auf den Weg:

110 Jahre MAN Nutzfahrzeuggeschichte oder
Von der grauen Katze ......

„ Von der grauen Katze ...

... bis zum TGX „

Baujahr	1911
Hersteller	NAG
Aufbauart / Ausführung	Pritsche / Plane
Motor	Ottomotor 4 Takt
Leistung / Hubraum	45 PS / 8480 ccm
Länge	6700 mm
Höhe	3010 mm
Leergewicht	3860 kg
Breite	2300 mm

Ich möchte nicht unerwähnt lassen, dass im Vortrag nicht die vielfach publizierten Meilensteine zur Geschichte der MAN Truck & Bus AG im Vordergrund stehen sondern in der Hauptsache „unsere gehegten und gepflegten Oldtimer" die wir bei dieser Gelegenheit präsentieren wollen. Sollte man das versäumen?

Fast der gesamte Oldtimerbestand wird damit ins rechte Licht gerückt.
Das Kundencenter München befasst sich seit jeher –mehr oder weniger – mit dem Erhalt, der Pflege und der Grundinstandsetzung der Oldtimerbestände.

Ich hoffe, sie verzeihen mir, dass einige Exponate bezüglich des tatsächlichen Baujahres nicht exakt das Jahr des Meilensteins wiedergeben.

Auf zur etwas ungewöhnlichen Zeitreise! 110 Jahre MAN Nutzfahrzeuge. Gehen wir zunächst einmal in das Jahr 1925.

1925
Der erste „echte" MAN - der 5 t KVB

Der erste „echte" MAN.

1925 baute MAN mit dem Typ KVB den ersten selbst konstruierten Lkw. Die Typenbezeichnung des bis zu 40 km/h schnellen Fünftonners stammt vom ersten Großauftraggeber, der „Kraftverkehrsgesellschaft Bayern". Dieser Typ ist damit kein Lizenzbau von Saurer mehr.

Lieferbar war der 5 Tonner mit Kardanantrieb – ein Novum mit der Folge, dass der noch allgemein gebräuchliche Kettenantrieb bald gänzlich verschwand. Erhältlich mit Dieselmotor oder alternativ auch mit Benzinmotoren mit 50, 58 oder 65 PS Leistung.

Die Konstruktion des Fahrzeugs war aber auf die Verwendung des Dieselmotors zugeschnitten, hatte eine geschmiedete Tragachse mit angesetztem Triebwerk. Erstmals wurde das Prinzip der Trennung von Tragachse und Antrieb „die MAN Hinterachse" umgesetzt.

In den Hinterrädern wurde ein gekapselter Ritzelantrieb verbaut. Die KVB-Serie wurde bis 1934 produziert. Insgesamt wurden 1200 Fahrzeuge hergestellt. 1925 – 2013 „110 Jahre MAN – kann das sein?"

Springen wir ins Jahr 1915.

1915
Liegt die Wiege der MAN-Lkw am Bodensee?

Liegt die Wiege der MAN-Lkw am Bodensee ?

Vor 1925 war der LKW-Bau für MAN technologisches Neuland. Es musste also technisches „Know-how" eingekauft werden. Eine Kooperation war die Lösung.

Die Adolph Saurer AG aus Arbon am Bodensee stellte seit 1905 Lastwagen her und besaß seit 1910 ein Werk in Lindau am Bodensee.

Nach Gründung der MAN Saurer Lastwagen GmbH verließ am 12. August 1915 der erste Lastkraftwagen das Werk. MAN baute die Lastkraftwagen vollständig nach Plänen von Saurer.

Saurer lieferte neben Motoren auch die Fahrgestelle. Zunächst nach Lindau, später im Zuge der Verlagerung der Produktion, nach Nürnberg.

1917
1. Lkw mit alleinstehender MAN-Produktbezeichnung

Ab 1917 baute MAN in Nürnberg Saurer-LKW in Lizenz. Damit entfiel der Name Saurer in der Produktbezeichnung. Die Kooperation hatte knapp zwei Jahre Bestand. Saurer musste auf Druck der deutschen Heeresverwaltung als Teilhaber an den MAN-Lastwagenwerken ausscheiden.

Aber zurück nach 1915 110 Jahre MAN Nutzfahrzeuge ?

1900 / 1903
Die graue Katze – es gab sie wirklich !

In der Firma Jüdel & Co einem Betrieb den Büssing in 30 Jahren als technischer Direktor an die Spitze des Eisenbahnsignalbaus gebracht hatte ließ er bereits im Jahre 1900 ein Versuchsfahrzeug bauen, das mit 10 Personen besetzt, eine Höchstgeschwindigkeit von 50 km/h erreichen konnte.

Sie gab es wirklich: Die so genannte "graue Katze."

Dieses Fahrzeug, ein Versuchsträger mit verstellbarer Riemenscheibe und Ottomotor war Anlass, dass Heinrich Büssing 1903 - inzwischen 60-jährig - aus dem Unternehmen austrat.

Im gleichen Jahr also 1903 gründete er eine eigene „Heinrich Büssing Specialfabrik für Motorlastwagen und Motoromnibusse." Seinen ersten Lastwagen baute Heinrich Büssing im Oktober 1903 ausgerüstet mit einem 2-Zylinder-Ottomotor und 9 PS Leistung . Das Fahrzeug konnte 3 Tonnen Nutzlast transportieren. In diesem Lkw verwirklichte Büssing das erste Gruppengetriebe im Fahrzeugbau. Das Fahrzeug steht heute im Deutschen Museum.

Der Büssing ZU 550 so die Typbezeichnung ist der älteste erhaltene Lkw aus deutscher Produktion. Das in unserem Bestand befindliche Fahrzeug ist ein vollständiger Nachbau. Es wurde von Auszubildenden in 2- jähriger Bauzeit ausgeführt.

110 Jahre MAN / Büssing Nutzfahrzeuge
Kraftvolle Wurzeln tragen die Geschichte !

1903 - 2013

1915
MAN baut mit Saurer ihre ersten 2-5 t Lkw und Busse

1925
MAN baut mit dem KVB ihren ersten selbst konstruierten Lkw

1971
MAN übernimmt die ÖAF und die Büssing Automobilwerke

Büssing	MAN	Saurer	ÖAF
			Gräf & Stift
1903	1915		1907

1903 – 2013 damit löst sich das Rätsel 110 Jahre MAN Nutzfahrzeugbau.
Das Gründerjahr Heinrich Büssing's Specialfabrik ist der Starttermin für unsere Nutzfahrzeuggeschichte. Vor Übernahme von Büssing im Jahre 1971 galt 1915 als Jahr der Aufnahme der Nutzfahrzeugaktivitäten.

1904
Erste Kraftpost-Omnibuslinie der Welt

Baujahr	1904
Hersteller	Büssing
Aufbauart / Ausführung	Omnibus
Motor	VW / Polo
Leistung / Hubraum	45 PS
Länge	5850 mm
Höhe	3500 mm
Leergewicht	3550 kg
Breite	2150 mm
Höchstgeschwindigkeit	25 km/h

23

Auf der Basis seines ersten Büssing-LKW baute er einen Omnibus und eröffnete am 5. Juni 1904 auf der Strecke Braunschweig-Wendeburg die erste Kraftpost-Omnibuslinie der Welt. Seine eigene.

Für Büssing war diese Linie dann auch das beste Versuchsfeld. Die täglichen Fahrten summierten sich auf 104 Kilometer und die Straßen war extrem schlecht. So war es möglich, nicht nur die Technik, sondern auch jede Neuerung unter den härtesten Bedingungen zu testen.

Im Gegensatz zu anderen Herstellern damaliger Zeit, pflegte Heinrich Büssing seine Fahrzeuge erst auf Herz und Nieren zu überprüfen, bevor er sie an die Kunden verkaufte.

1911 – Neue Automobilgesellschaft (NAG) - Original

Baujahr	1911
Hersteller	NAG
Aufbauart / Ausführung	Pritsche / Plane
Motor	Ottomotor 4 Takt
Leistung / Hubraum	45 PS / 8490 ccm
Länge	6700 mm
Höhe	3010 mm
Leergewicht	3860 kg
Breite	2300 mm

Zurück zum „grauen" Fahrzeug. Ein „Fusionserbe"! Das älteste Originalfahrzeug in MAN Besitz. Wie kam es dazu ?

1930 fusionierte die Neue Automobil Gesellschaft, Berlin später Nationale Automobil Gesellschaft zur Büssing – NAG Vereinigte Nutzkraftwagenwerke AG.

Der Lastwagen war bis 1979 in Argentinien in einer Kali-Mine im Einsatz. Geschätzte Laufleistung 1 Mio Kilometer.

1924
Erster Lkw-Fahrzeugmotor mit Diesel-Direkteinspritzung

1924 baute MAN den weltweit ersten Diesel-Lkw mit Direkteinspritzung. Ein Vorbild an Wirtschaftlichkeit. Dieses Fahrzeug wurde im gleichen Jahr auf der IAA in Berlin vorgestellt.

Die VDI-Nachrichten schreiben dazu:
„Im Bereich der Maschinen für Lastkraftwagen und der hiermit zusammenhängenden Brennstoff-Frage stellte der kompressorlose Dieselmotor der MAN, der mit 4 Zylindern bei 1050 U/min 45 PS leistet und dabei kaum schwerer als eine vergleichbare Vergasermaschine ist, die wichtigste Neuerung dar, die überhaupt auf der Ausstellung geboten wurde.

Was für eine Karriere!
Vom Ölbrenner zum Hochleistungsaggregat

Erster MAN Lkw mit Dieselmotor
Typ 3ZC Bj. 1924

Erster Fahrzeugdieselmotor (MAN) 1923,
4 Zylinder, 5.650 cm³, 45 PS, 1050 U/min

Auf der Ladefläche steht vorsichtshalber ein Ersatzmotor – gebraucht wird er auf der Fahrt nicht. Ein Vierteljahrhundert lang hatten die Ingenieure daran gearbeitet, den vier Meter hohen „Ur-Dieselmotor" immer weiter zu verkleinern, bis er unter eine Motorhaube passte. Der Aufwand sollte sich auszahlen. Der Direkteinspritzer sparte gegenüber den damals üblichen Vergasermotoren 80 Prozent Betriebskosten. Er begründete den wirtschaftlichen Erfolg der MAN Nutzfahrzeugsparte und läutete den weltweiten Siegeszug der Dieseltechnologie bei Lkw und Bussen ein.

1932
Der stärkste Diesellastwagen der Welt

1932 baute man den stärksten Diesellastwagen der Welt, den S1H6 mit 10 Tonnen Nutzlast und 140 PS. Ein Jahr später sogar mit 150 PS. Im gleichen Jahr entstand ein Fahrzeug mit Wechselaufbau, alternativ für die Beförderung von Gütern an Wochentagen und Personen an den Wochenenden.

1940
Hauben-Lkw Serie E2/E3000

Die Hauben-Lkw-Serie E2/E3000 wurde im Zeitraum 1940 bis 1944 gebaut und zeichneten sich durch einen Rahmen im Fischbauchprofil, das eine hohe Tragfähigkeit gewährleistete, aus. Lange, ölgehärtete Blattfedern vorn und hinten sorgten für ausgewogenes Federungsverhalten im Leerzustand als auch beladen und Pkw-ähnlichen Komfort. Motorisiert waren diese Fahrzeuge mit einem 70 PS Diesel trugen 3,3 Tonnen Nutzlast bei einem Gesamtgewicht von 6,3 Tonnen.

1947 Baureihe MK

Die Nachkriegsfertigung begann bei MAN 1946 mit dem Typ „MK". Der MK wurde bis 1950 gebaut. Der Motor leistete aus 8 Litern Hubraum beachtliche 120 PS. Die überarbeiteten Nachfolger MK25 und MK 26 wurden bis 1954 produziert.

1951 F8

1951 kam als erster Schwerlastwagen nach dem 2. Weltkrieg der Typ F8 auf den Markt. Er war als klassischer Hauber konzipiert, die Scheinwerfer waren erstmals in die Kotflügel integriert und nicht mehr freistehend. Der F8 wurde mit für diese Zeit beachtlichen 180 PS angetrieben.

1953 wurde das Fahrerhaus überarbeitet, fiel breiter aus und bot jetzt mehr Platz.
Ab 1953 erschienen äußerlich und konstruktiv ähnliche Modelle unter verschiedenen Typbezeichnungen, die allerdings bei teils vergleichbaren Nutzlasten über geringere Motorleistungen verfugten, so dass der F8 zunächst das „Flaggschiff" des Lkw-Programms blieb.

1951

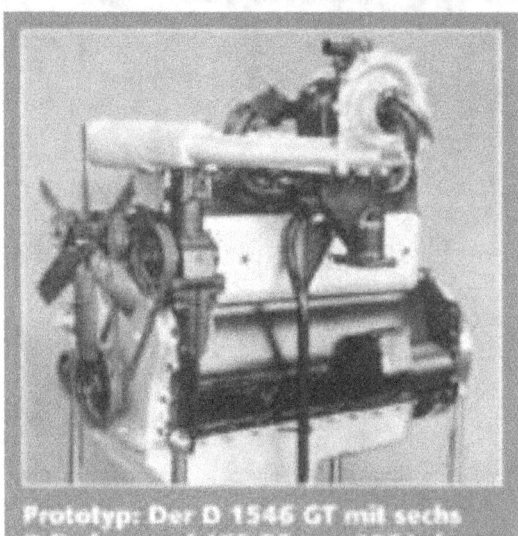

Prototyp: Der D 1546 GT mit sechs Zylindern und 175 PS war 1951 der erste aufgeladene MAN-Motor.

1951 zeigte MAN auf der Internationalen Automobilausstellung in Frankfurt den ersten Nutz-Fahrzeug Motor mit Abgas-Turboladung in Deutschland.

Es war ein 6-Zylinder-Reihenmotor mit 8,72 Liter Hubraum und selbstverständlich Direkteinspritzung. Die Normalleistung dieses 6-Zylinder-Motors mit 130 PS konnte durch die Auflading auf 175 PS gesteigert werden. Das entspricht einer Leistungssteigerung um 35 Prozent.

1953
MAN Kurzhauber 630 L1

Die MAN Hauben-Lkw ab 1951 waren einheitlich mit dem Kurzhauben-Fahrerhaus ausgestattet. Dieses Fahrerhaus hatte kurze Türen mit Drehfenster zur Direktbelüftung, eine geteilte Frontscheibe, abfallende Motorhaube und einen Kühlergrill mit der typischen MAN – Maske.

Die unterschiedlichen Modellbezeichnungen verwiesen erstmalig auf Tonnage und Motor. Diese Systematik wird auch heute noch angewandt. Die Serie wurde 1953 bis 1955 gebaut. Die Fahrzeuge hatten eine günstige Nutzlastrelation. Sie konnten bereits damals mehr tragen als sie fahrfertig wogen.

1955
Gründung MAN Werk München

1954 erreichte das Werk Nürnberg die Grenzen der Fertigungskapazität. Zunächst wollte man südlich der Stadt ein neues Nutzfahrzeugwerk errichten. Als Alternative bot sich das ehemalige Allacher Flugmotorenwerk von BMW das nach dem Krieg als sogenanntes Karlsfeld Ordnance Depot von den Amerikanern als Instandsetzungswerk für Lkw genutzt wurde und freigegeben werden sollte.

Nach harten Auseinandersetzung im Vorstand – man hatte sich dann doch für den Standort München entschieden - wurde am 28. April 1955 der Kaufvertrag unterzeichnet.

Am 11. November lief der erste Lkw vom Band. Das Werk München war damals für das Vierfache der Nürnberger Kapazität mit 8.000 Fahrzeugen pro Jahr ausgelegt.

1957
Die „Pausbacke"

MAN 10.212 BJ. 1966

Der MAN 415 wurde ab 1957 gebaut. Die ersten Frontlenker von MAN. Konstruktiv ähnelte die neue Modellfamilie den schwereren Haubenwagen. Zur Betonung der Familienähnlichkeit erhielt sie an den vorderen Ecken – dort wo beim Hauber die Kotflügel endeten – leichte Ausbuchtungen, die den so ausgestatteten Fahrzeugen den Spitznamen „Pausbacke" einbrachten.

Das Modell erlangte vor allem im Fernverkehr mit langem Fahrerhaus bei den Typen 10.212 F/FS große Beliebtheit. Gebaut wurde die „Pausbacke" bis 1967.

1963
Das Ende vom Ackerschlepper

1962 wird eine Abstimmung des Fertigungsprogrammes mit Porsche vereinbart, wonach die MAN-Traktorenherstellung bei Porsche erfolgen soll.

1963 fiel der Beschluss, den Ackerschlepperbau zu veräußern und sich ganz auf den Nutzfahrzeugbau also Lkw und Busse zu konzentrieren. Unter dem Namen MAN wurden insgesamt 40.000 Ackerschlepper gebaut.

Der Oldie 2R3 Baujahr 1961 wurde von Grund auf restauriert und ist heute noch im Schleppeinsatz für den Oldtimertransport.

1967/1969

Zur IAA 1967 war bei MAN Premiere für eine komplett neue Frontlenker-Fahrzeug-Generation mit kippbaren Fahrerhäusern und leistungsgesteigerten Dieselmotoren. Zwei Jahre später waren die Haubenwagen an der Reihe. Die neu konzipierten Fahrerhäuser mit größerer Verglasung verfügten über einen Hauben Vorbau, der sich einschließlich Kotflügeln komplett hochstellen ließ.

Diese elegante Lösung wurde richtungsweisend in der ganzen Branche und hatte über Jahrzehnte hinweg Bestand.

1971
Übernahme Büssing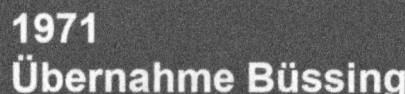

1971 nach der Übernahme des Konkurrenten Büssing nahm MAN einige Lkw- und Omnibus-Baumuster in das Programm auf. Ab 1972 unter dem Doppelnamen „MAN-Büssing".

Während die modernen Büssing-Omnibusse und Lastwagen mit Unterflurmotor nahezu unverändert im Pro-gramm blieben, wurden die Frontlenker-Lkw mit konventionell stehend eingebautem Motor sowie die Hauber eingestellt.

Nach 1973 wurden die Fahrerhäuser mit vergleich-baren MAN-eigenen Baumustern ersetzt. Die technische Unterflurkonstruktion von Büssing blieb und wurde von MAN einige Jahre weitergeführt. 1974 verschwand der Name „Büssing" von den Fahrzeugen. Statt des Doppelnamens stand nur noch der Name „MAN".

Der Braunschweiger Löwe ziert auch heute noch den Kühlergrill.

ursprüngliche Fassung, 1979–1987

Das erste an einen deutschen MAN Kunden ausgelieferte Fahrzeug mit Herstellerkennung „WVM" - Produktionsfortschrittszahl „000045"

1977 mit Ende der Kooperation mit dem französischen Hersteller Saviem, sah sich MAN nach einem neuen Partner für den Bau von leichten Lkw um und fand diesen mit VW. Das Kooperationsmodell sollte auch wie das erste, 1975 von Magirus Deutz auf den Markt gebrauchte Fahrerhaus für die leichte bis mittel-schwere Gewichtsklasse ein kippbares Fahrerhaus erhalten.

Dieselmotoren, Chassis und Vorderachsen steuerte MAN bei, während das vom VW LT abgeleitete Fahrerhaus, Getriebe und Hinterachsen von VW stammten. Die Front der Fahrzeuge wurde von den Logos beider Firmen geziert.

Zunächst mit zulässigen Gesamtgewichten zwischen 6 und 9 t, ab 1981 auch mit 10 t. Zur Wahl standen zwei Motoren mit 90 und 136 PS.

1987 G90

Dreiviertel der Fahrzeuge sollten im VW-Werk Hannover und ein Viertel bei MAN in Salzgitter gebaut werden. Da jedoch weniger Fahrzeuge verkauft werden konnten als geplant, verschob sich das Verhältnis auf etwa 50:50. In den letzten Jahren wurde nur noch in Salzgitter produziert.

Die einzige größere Überarbeitung erfolgte 1987, die Motorleistung stieg auf 100 bzw. 150 PS, die zuvor runden Scheinwerfer neben dem Kühlergrill wurden durch eckige in der Stoßstange ersetzt. Mit einer neuen Innenausstattung wurde er als „G 90" im Markt positioniert. Die Kooperation zwischen MAN und VW endete 1993.

1986 F90

1986 erschien die Baureihe F 90, die die bisherige Baureihe F 9 ablöste. Das F-90-Fahrerhaus, das diesmal der Baureihe auch offiziell den Namen spendierte, wurde komplett neu konstruiert, wobei sich das Design stark am Vorgänger orientierte.

Auffälligstes Unterscheidungsmerkmal sind wiederum die Blinker, die noch ein Stückchen tiefer bis in die Stoßstange wanderten.

Seit 1986 entfallen die Punkte zwischen den Buchstaben im Logo („MAN" statt „M·A·N"). Der Bereich Nutzfahrzeuge entsteht als eigene Unternehmensgesellschaft. Die Einführung der unterschiedlichen Modelle erfolgte Schritt für Schritt bis 1988.

Die F-90-Modelle bekamen allesamt die neue, aus dem Vorgänger weiterentwickelte Motorengeneration. Zum Teil waren diese Neuerungen bereits auch den Vorgängern ab 1985 zugutegekommen.

Die Spitzenmotorisierung ein V10 betrug nun 460 PS, was MAN vorerst die Leistungsspitze der europäischen Straßenlastwagen einbrachte, und stieg später auf 500 PS. Erkennbar sind die Motoren dieser Serie an der auf 2 endenden Typziffer der Modelle.

Daneben war nun mit dem M 90 eine eigenständige Baureihe in der mittelschweren Gewichtsklasse erhältlich.

1994 F2000

Ab 1994 wurde die schwere Baureihe F 90 durch die Baureihe F 2000 (erkennbar z.B. an den geänderten – nun vier einzelnen – Scheinwerfern, der neuen Frontschürze sowie einem neuen Endtopf) – ab 1998 „F 2000 E" (Evolution, äußerlich am Fehlen des Chromrahmens um die Kühlermaske erkennbar) – ersetzt.

Im F 2000 E wurde erstmals auch neue Technik getestet (Bordcomputer), die im Nachfolgemodell TGA Standard war.

Die mittelschwere Reihe M 90 fand ihren Nachfolger ab 1996 in der Baureihe M 2000, ab Baujahr 2000 als „ME 2000", wobei der Kunde zwischen einem Fahrerhaus der schweren und der leichten Klasse wählen konnte. Bis zum Produktionsende 2007 wurden im MAN-Werk Steyr die Fahrzeuge LE 2000 und ME 2000 gefertigt.

Die neue schwere Lkw-Baureihe Trucknology Generation A kurz TGA löst im Jahre 2000 die erfolgreiche Baureihe F2000 Evolution innerhalb von zwei Jahren in allen Varianten ab.

Die Kosten für Entwicklung und Produktionseinrichtungen überstiegen 1 Milliarde DM.

Entstanden ist eine Baureihe, die mit dem starken Einsatz moderner Elektronik einen Ausblick auf die Zukunft des Nutzfahrzeugs gibt.

2000 TGA

2007 TGX

Als Nachfolger des TGA wurde die Baureihe TGX im Herbst 2007 erstmals der Öffentlichkeit auf der Messe Auto RAI in Amsterdam präsentiert. Dort wurde er zum siebten Mal mit dem Award Truck of the Year 2008 der europäischen Nutzfahrzeugpresse ausgezeichnet.

Neben anderen technischen Veränderungen wurden der Fahrerarbeitsplatz und das Fahrerhauses modernisiert. Eine optimierte Aerodynamik senkte den Cw-Wert um 4 % und den Innengeräuschpegel um 30 %. Je nach Typ ist die neue Baureihe außerdem bis zu 120 kg leichter. Diese Verbesserungen verringern entsprechend den Dieselverbrauch des Fahrzeugs.

Die Motoren beider Baureihen sind wie alle aktuellen MAN-Lkw mit Common-Rail-Direkteinspritzung ausgestattet und erfüllten mit Hilfe eines AdBlue- Abgasreinigungssystems bereits vor dem Inkrafttreten die seit 2009 verpflichtende Euro-5-Abgasnorm.

Für das Designkonzept bekamen die Baureihen TGX und TGS den red dot award Product Design 2008 mit der Zusatzauszeichnung Best of the Best verliehen.

2012

Euro 6

- **Motorleistungen**
- **D20 10,5l Hubraum**
  - 320, 360, 400 PS
- **D26 12,4l Hubraum**
  - 440, 480 PS

- 2-stufige Aufladung (Führung der Ladeluft)

Abgasemissionen Euro 0 bis Euro 6

Emissions Klasse	EURO 0	EURO 1	EURO 2	EURO 3	EURO 4	EURO 5	EURO 6
Partikel g/kWh	-	0,36	0,15	0,10	0,02	0,02	0,01
Stickoxide	-	8,00	7,00	5,00	3,50	2,00	0,40
Emission Klasse Reduktion seit EURO 1	EURO 0	EURO 1	EURO 2	EURO 3	EURO 4	EURO 5	EURO 6

Hier möchte ich in Anbetracht der fortgeschrittenen Zeit ausschließlich auf die Reduktion der Abgasemissionen eingehen. Die Folie zeigt die eindrucksvolle Entwicklung des MAN Motorenbaus.

Man sagt: Die Luft die vorne angesogen wird kommt gereinigt also sauberer aus dem Dieselpartikelfilter. Also ein direkter Beitrag zum Umweltschutz

2012 Rollende Revolution - Concept S

Mit seiner konsequenten Stromlinienform haben MAN Ingenieure etwas Revolutionäres möglich gemacht: einen Lkw mit dem Luftwiderstand eines Pkw.

So reduziert allein das Design den Kraftstoff-verbrauch und die CO_2-Emission um 25% - bei gleicher Ladekapazität. Mit der Lkw-Studie möchte MAN eine Diskussion über eine effiziente Gestaltung des Gütertransports anstoßen und zeigen, welches aerodynamisches Potenzial im Lkw-Design noch steckt.

Der Gesamtzug überschreitet nicht die zulässige Höhe von maximal 4 m. Der Auflieger des MAN Concept S hat das gleiche Innenvolumen wie ein Standardauflieger.

Das vorgestellte aerodynamisch-optimierte Fahrzeug-Konzept kann jedoch nur Realität werden, wenn zuvor die gesetzlichen Längenvorschriften für Sattelzüge angepasst werden. 2,30 Meter mehr Länge würden dafür reichen.

Lassen sie uns sehen wie sich das Rad hierbei weiterdreht.

Diversifizierung statt Monopol des Erdöls
Alternative Antriebe im Nutzfahrzeugbau

Dipl.-Ing. Eberhard Hipp

Zusammenfassung

Alternative Antriebe im Nutzfahrzeugbaufahrzeug sind keine Erfindung der Neuzeit. Die Geschichte beginnt 1923 mit dem MAN Kraftkarren mit elektrischen Antrieb und ist auch heute noch nicht beendet.

Die historische Entwicklung von Omnibussen mit Gas betrieben aus dem Jahr 1943 setzt sich in den 70-er Jahren fort. Es folgen LNG Antriebe, Elektrobusse in vielfältigen Antriebsvarianten, Hydrobusse, Busse mit Schwungrad bis zu den heute aktuellen Wasserstoffantrieben und den Dieselelektrischen Hybrid Fahrzeugen. MAN stellte schon sehr früh Brennstoffzellen Busse vor und experimentierte genauso auf dem Lkw Sektor mit ähnlichen Konzepten. Ein Highlight der MAN F8 1968 mit Gasturbine.

Aktuelle Konzepte mit den Zielen der Nachhaltigkeit und Umweltschonung im Verkehr werden an Bussen und Lkw präsentiert.

Vita
Dipl.-Ing. Eberhard Hipp

Studium des Verkehrswesens an der Universität Stuttgart; dann wissenschaftlicher Mitarbeiter. Abschluss Dipl.-Ing. (Univ.). Seit 1978 bei MAN. Start in der Vorentwicklung. Heute Leiter des Zentralbereichs „Research", Vice President

Wichtige Projekte: Stadtlastwagen 2000, Doppelgelenkbus, Hybrid-Lkw, Hybrid- Bus, Wasserstoffbusse (mehrere Generationen).

Foliendokumentation
Dipl.-Ing. Eberhard Hipp, Alternative Antriebe

M. A. N.-Kraftkarren, Last 1000—1500 kg.
Kleinste Kurve 4,4 m Durchmesser.

Ziele zur Nachhaltigkeit und Umweltschonung im Verkehr

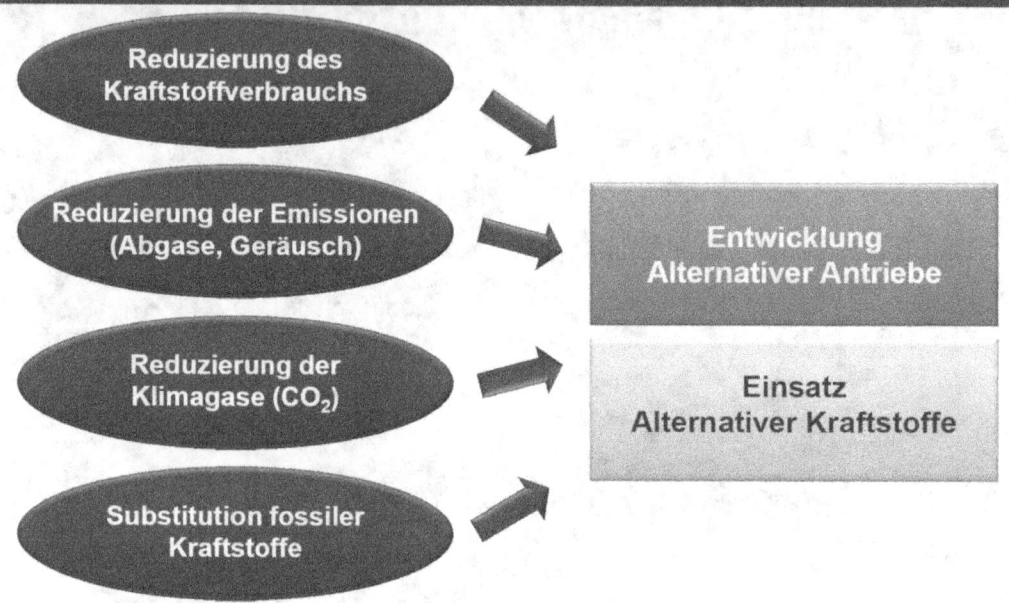

- Reduzierung des Kraftstoffverbrauchs
- Reduzierung der Emissionen (Abgase, Geräusch) → Entwicklung Alternativer Antriebe
- Reduzierung der Klimagase (CO_2) → Einsatz Alternativer Kraftstoffe
- Substitution fossiler Kraftstoffe

Alternative Antriebe

Antrieb
- konventionell
  - Dieselmotor
    - Diesel
    - synthetische Kraftstoffe (fossile Quellen, Synfuel)
    - Biokraftstoffe (inkl. Sunfuel)
  - Ottomotor
    - CNG, LNG
    - LPG
    - H_2 (CGH_2, LH_2)
- alternativ
  - monovalent
  - Hybrid
    - parallel
    - seriell
    - leistungsverzweigt
  - Diesel-elektrisch
  - Gas-elektrisch
  - Trolley / externe Energiezufuhr
  - Batterie / Energiespeicher
  - Brennstoffzelle

Alternative Kraftstoffe
Zukunftspotentiale aus globaler Sicht

	Kraftstoff	Bewertung
flüssig	Biomass-to-Liquid *(2.Generation)*	z.Z. sehr begrenzte Raffineriekapazitäten, dieselmotorische Verbrennung
	Gas/Coal-to-Liquid	z.Z. begrenzte Raffineriekapazitäten, dieselmotorische Verbrennung
	Hydriertes Pflanzenöl HVO *(1.Gen.)*	Ressourcen begrenzt, rückläufig, dieselmotorische Verbrennung
	Biodiesel *(1.Gen.)*	nicht Euro VI fähig, rückläufig, dieselmotorische Verbrennung
	Ethanol *(z.Z noch 1.Gen.)*	Ressourcen begrenzt, ottomotorische Verbrennung
gasförmig	Erdgas	Speicherproblematik im Fernverkehr, ottomotorische Verbrennung
	Biogas	begrenzt verfügbar/Speicherproblematik, ottomotorische Verbrennung
	Flüssiggas	als Single Fuel nur im Ottomotor, ottomotorische Verbrennung
	Wasserstoff	Speicher-/Infrastrukturproblematik
	Dimethylether	Speicher-/Infrastrukturproblematik

Quelle: MAN

Gasbus in Augsburg 1943

LPG-Busse in Wien 1976

LNG-Busse in St. Moritz und bei der Sommerolympiade 1972 in München

Auf leisen Sohlen abgasfrei – MAN Elektrobus

„Der Elektroantrieb ist ohne Einschränkung das sauberste und umweltfreundlichste Triebwerk für Verkehrsmittel.
Eine Batterieladung reicht derzeit für eine Fahrstrecke von 130 – 160 km bei 50km/h und halber Nutzlast."

Elektrobus SL-E 200

Hydrobus - Gyrobus

„Bei Omnibussen im Personennahverkehr ist es sinnvoll, die Bremsenergie zu speichern und beim Anfahren wieder zu nutzen.

Wir haben hierfür zwei Alternativen entwickelt:
Beim Gyrobus wird die Bremsenergie in einem Schwungrad,
beim Hydrobus in einem Hydraulik-Hochdruckbehälter gespeichert."

DE-Hybrid mit MD-Schwungrad 1978

Duobus

Oberleitungsbusse

Trolleybusse

Methanol Busse 1980 in San Francisco

Erdgasbusse made by MAN

Das Produktprogramm
- MAN Niederflur-Linienbusfamilie komplett mit CNG-Motoren erhältlich, inklusive der zugehörigen Fahrgestelle für Niederflurbus-Aufbauten
- Nahezu identische Ausstattung wie beim Dieselantrieb möglich
- In Stadtlinien- und Überlandlinienausführung

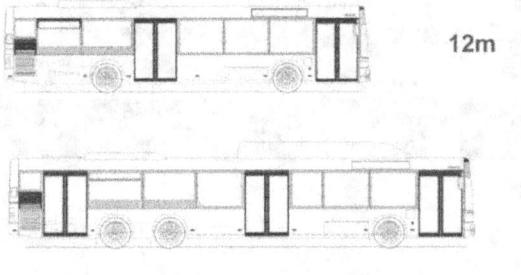

12m

15m

18m

EU-Projekt HyFLEET:CUTE

Laufzeit des EU-Projektes:
Januar 2006 – Januar 2009 in Zusammenarbeit mit BVG Berlin

Januar – Oktober 2006
→ 4 Fahrzeuge mit Saugmotor (P=150 kW)

Juli – Dezember 2007
→ 10 Fahrzeuge mit Turbomotor (P=200 kW)

Vehicle characteristics

4 buses with naturally aspirated engine

10 buses with turbo charged engine

Engine	MAN H2876UH01 (150kW)	MAN H2876LUH01 (200kW)
Net Weight	12,6 t	12,9 t
Capacity	80 Passengers	77 Passengers
Drive range	> 200km	> 250km
H_2-Storage	50 kg hydrogen @ 350 bar (gas volume: 2050 liter)	

MAN H_2 - Vorfeldbus

DE-Hybrid-Stadtbus 2004
Erprobungseinsatz in Nürnberg Linie 36

- Rekuperation
- Stopp-Start-Automatik
- Bedarfsgerechter Betrieb der Nebenaggregate
- Elektrisches Anfahren an der Haltestelle
- Erreichte Kraftstoffeinsparungen 15…22 %

MAN Lion's City Hybrid

MAN Lion's City Hybrid
- MAN Diesel engine D0836LOH 184 kW EEV
- **PSM Generator** 145 kW
- **Traction motors**
  2 asynchronous motors 75 kW each
- **Energy storage**
  Ultracaps: 200 kW / 0,5 kWh
- **Power electronics**
  IGBT Inverters
- **Hybrid Management**
  Intelligent MAN Energy Management
- Auxiliaries
  - el. steering booster pump
  - vehicle power supply 24V
  - el. air condition

Brennstoffzellenbusse bei MAN

5/2000

CGH$_2$-Bus mit 120 kW-PEM- BZ
(Siemens KWU)

5/2004

CGH$_2$-PEM BZ
Hybrid Stadtbus, Betrieb
in München und
Flughafen München

MAN Hybrid-Brennstoffzellenbus

MAN Lion's City Hybrid
MAN & Neoplan: Kompetenz und Erfahrung seit Jahrzehnten

Trolley-Hybrid 2000 | DE-Hybrid (NiMH-Batterie) 2001 | BZ-Hybrid (NiMH-Batterie) 2004 | Serieller Hybrid Serie 2011

DE-Hybrid (MD-Schwungrad) 1978

DG-Hybrid (Gyrospeicher) 1975

DH-Hybrid (Hydrospeicher) 1985 | DE-Hybrid (Ultracap-Speicher) 2001 | DE-Hybrid optimiert (Ultracap-Speicher) 2005 | DE-Hybrid (Projekt IDEAS) 9/2005 – 7/2010

1975 ──────────────────────────── 2010

Elektropaketwagen im Einsatz bei der Österreichischen Post 1979/80

Meilensteine in der Entwicklung von MAN Lkw mit Erdgasantrieb

Lkw mit Sonderaufbau (Sibelgaz) 1992

CNG-Müllsammelfahrzeug, 1994

LNG Verteiler Lkw / REWE, 1997

MAN F8 mit Gasturbine

Quelle:
http://www.baumaschinenbilder.de/forum/thread.php?threadid=9419&threadview=1&hilight=&hilightuser=0&sid=de8b2e44f9e06dbd3b54b37bc3805692&page=245#post465719

Frühjahr 1969
350 – 400 PS

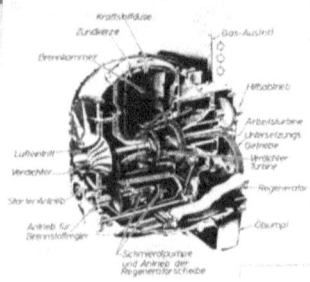

Mild-Hybrid-System für Verteiler Lkw
TGL EDA - Elektrodynamisches Anfahrelement

Erprobungseinsatz TGL-Hybrid

- Demonstration der Alltagstauglichkeit
- Test der Stabilität/Verfügbarkeit des Hybridsystems
- Sammlung von Belastungskollektiven der Hybridkomponenten
- Test des Hybrid-/Energiemanagements
- Kundenfeedback bzgl. Hybrid-Funktionalität
- Analyse des energetischen Verhalten im realen Einsatz

Hydro Müllsammelfahrzeug

MAN Research Truck Metropolis

Mit dem Metropolis zeigt MAN auf der IAA 2012 ein Forschungsfahrzeug, das schwere Transportaufgaben in der Stadt ohne Emissionen und besonders geräuscharm erledigen kann.

Es ist absehbar, Ballungszentren in Zukunft Null-Emissionszonen einführen werden.

MAN erforscht mit dem Lkw die Realisierbarkeit eines Fahrzeugs, das die Zukunftsanforderungen von Städten erfüllt.

Der Metropolis ist ein elektrisch angetriebener Lkw auf Basis eines MAN TGS 6x2-4.

Die Energie liefert eine modulare Lithium-Ionen Batterie, die sich dank Plug-In-Funktion einfach an der Steckdose aufladen lässt.

Ein Range-Extender sorgt für Reichweite.

Entwicklungshistorie
MAN – Hybrid-Verteiler-Lkw

Seit mehr als 30 Jahren wird die Hybridtechnik bereits in MAN Verteiler-Fahrzeugen eingesetzt:

1983: G90 Hybrid zusammen mit VW aufgebaut

1996: L2000 Hybrid

2001: TGL mit KSG

2004: TGL mit EDA

2008: TGL 12.220 ISG-Hybrid

1 PS-Fuhrwerk aus Fertigung ÖAF

Vom Bulli bis zum Constellation
VW-Nutzfahrzeuge in Deutschland und Übersee
Dr. Manfred Grieger

Zusammenfassung

Aufgezeigt werden Konstruktion und Weiterentwicklungen des Volkswagen Transporters, der mehr noch als der Käfer dringend im zerstörten Nachkriegsdeutschland benötigt wurde und ab 1950 zunächst in Wolfsburg, ab 1956 in Hannover gebaut wurde. Wenn auch seine Produktionszahlen im Vergleich zum Käfer sehr viel bescheidener ausfielen, distanzierte er seine Konkurrenten deutlich und erreichte in seiner Klasse überdurchschnittlich hohe Marktanteile.

Im Vorgriff auf heutige Billig-Anbieter auf dem PKW-Sektor entstand 1972/73 ein sogenannter Basis-Transporter, der in ckd-Sätzen in Entwicklungsländer geliefert werden sollte. Mit dem LT ab 1975 verließ VW die Heckmotorbauweise und stieß zugleich in höhere Nutzlastklassen vor, fortgeführt von der MAN-VW Gemeinschaftsbaureihe ab 1979. Folgerichtig wurde 1990 die vierte Generation des Transporters mit Frontmotor (und Vorderradantrieb) ausgelegt.

Wenn auch der Transporter von Anfang an exportiert und ab 1953 auf ckd-Basis im Ausland montiert wurde, wuchs Volkswagen im Jahr 1979 zum international agierenden Nutzfahrzeughersteller durch den Erwerb eines Chrysler-Werks in Brasilien. Dort fanden später eigenständige Entwicklungen statt, bei Omnibus-Chassis bis in die 16 Tonnen-, bei LKW bis in die 42 Tonnen-Gewichtsklasse. Weiter unten auf der Gewichtsskala stehen der Amarok-Pickup, der in Argentinien gebaut wird, und der aus Polen stammende Caddy.

Vita
Dr. Manfred Grieger

Studium der Geschichte, der Osteuropäischen Geschichte, der Publizistik und der Kommunikationswissenschaft an der Ruhr-Universität Bochum; Promotion (Dr. phil.) mit der Arbeit 'Das Volkswagenwerk und seine Arbeiter im Dritten Reich', die zusammen mit Prof. Dr. Hans Mommsen veröffentlicht wurde.

Tätigkeiten an den Universitäten Bochum, Heidelberg und Dresden sowie in Museen und bei der Volkswagen AG;
Leiter der Historischen Kommunikation der Volkswagen AG;
Lehrbeauftragter am Institut für Sozial- und Wirtschaftsgeschichte der Georg-August-Universität Göttingen;
Publikationen über Unternehmens- und Umweltgeschichte sowie Geschichte des Nationalsozialismus.

Vom Bulli bis zum Constellation
VW-Nutzfahrzeuge in Deutschland und Übersee
Dr. Manfred Grieger

Den langen Weg vom ersten Transporter zur heutigen Marke Volkswagen-Nutzfahrzeuge nachzeichnen zu wollen, verlangt angesichts des gesetzten Rahmens vor allem eines: Auslassungen. Ausführungen zur Entwicklung und Produktion des LT fehlen ebenso wie die Kooperation mit Toyota und die Etablierung der Marke Volkswagen Nutzfahrzeuge im Jahre 1995. Im Nachfolgenden werden kurz behandelt:

- Transporter – Start und Erfolg
- Das neue Transporterwerk Hannover
- Generationswechsel
- Basis-Transporter EA 489
- Kooperation MAN und Volkswagen
- Internationalisierung (Brasilien, Argentinien, Polen)

Zu den Besonderheiten der Entwicklung von Volkswagen gehört, dass das Unternehmen wie die Marke auf dem Markterfolg seiner beiden prägenden Produkte basierte. Limousine wie Transporter trugen mit ihren Eigenschaften der Robustheit, Langlebigkeit, Wirtschaftlichkeit und Erreichbarkeit wesentlich zur Identität und zum Image bei. Als Generaldirektor Heinrich Nordhoff im November 1949 Pressevertretern handgefertigte Prototypen des intern als Typ 29 bezeichneten Fahrzeugs vorstellte, reagierte er auf die Marktentwicklung. Zum einen wurden in wachsendem Maße Lieferwagen nachgefragt; zum anderen bedienten die Goliath-Werke in Bremen mit dem Goliath GD 750 und die Hamburger Tempo-Werke, Vidal & Sohn mit dem Hanseat, alles Dreiradfahrzeuge, sowie Gutbrod mit dem Atlas 800 und die Auto Union mit dem F 89 L den Markt.

Dass es das Unternehmen Volkswagen angesichts der Konkurrenzsituation eilig hatte, einen Lieferwagen für die Bewältigung der mit dem Wiederaufbau und der Belebung der Wirtschaftstätigkeit verbundenen Transportaufgaben zu präsentieren, lag auf der Hand. Dass die Transporter-Idee Vorläufer etwa bei Ferdinand Porsche oder Ben Pon besaß und die Volkswagen- Limousine zuvor schon mit Kastenaufbauten versehen worden waren, wissen Sie. Der Einstieg in die konstruktiven Arbeiten resultierte nach Angaben von Heinrich Nordhoff in seiner Präsentationsrede einer Autofahrt durch den Harz, die er im Frühherbst 1948 zusammen mit dem Leiter der Technischen Entwicklung, Dr.-Ing. Alfred Haesner, unternommen hatte. Konzeptvorgaben waren Preisgünstigkeit und Wirtschaftlichkeit, gute Fahreigenschaften, Wendigkeit und ein großer Laderaum. Die Absicht, auf der Basis einer Gleichteilepolitik das Fahrgestell der Limousine ohne große Anpassungen für den Transporter heranzuziehen, zerschlug sich allerdings, da dieses die durch den Aufbau wachsenden Belastungen nicht auffangen konnte. Hieraus ergab sich, dass der Typ 29 schlussendlich zwar Teile der Limousine wie den 25-PS-Motor nutzte, aber ein eigenständiges Fahrzeug wurde und nicht nur eine Käfer-Variante.

Kastenwagen und Kleinbus machten in ihrem technischen Konzept – Vorderlenker, selbsttragende Karosserie mit einer Bodengruppe aus Rahmenprofilen, Heckantrieb und luftgekühlter Boxermotor - einen guten Eindruck und wies gegenüber der Konkurrenz überlegene Fahreigenschaften auf.

Der Laderaum von 4,6 Kubikmetern, aber auch der Preis von 5.850 DM gaben starke Argumente. Indem über den Kastenwagen und den Personentransporter als Kombi oder Achtsitzer hinaus rasch weitere Modelle wie Kranken- und Pritschenwagen sowie

die Doppelkabine hinzutraten, bot der Transporter eine Produktvielfalt, die sich in einem rasch steigenden Absatz bemerkbar machten.

Nach seinem Produktionsstart am 8. März 1950 im Werk Wolfsburg kletterte die Ausbringungszahl von 8.059 bis Jahresende 1950 auf 49.907 im Jahre 1955. Das entsprach immerhin 15 Prozent der Gesamtproduktion von 329.893 Volkswagen.

Bild: Der Transporter 1949 /1/

Ein eigenes Transporterwerk

Das Werk Wolfsburg stieß 1953/54 an seine Kapazitätsgrenzen. Zugleich reichte die Tagesfertigung von 150 Transportern bei weitem nicht mehr aus, um die auch im Ausland steigende Nachfrage zu befriedigen. Der Gedanke einer umfassenden Rationalisierung der Volkswagen Produktion und die stark begrenzten Unterbringungsmöglichkeiten zusätzlicher Belegschaftsangehöriger in der jungen Industriestadt Wolfsburg rieten zum Aufbau eines eigenen Transporterwerks an einem anderen Ort. War zunächst an eine Ansiedlung am Volkswagen- Standort Braunschweig gedacht worden, bewarben sich, nachdem das Gerücht eines neuen Volkswagen- Werks die Runde gemacht hatte, dutzende Kommunen. Die im Beirat

der Volkswagenwerk GmbH vertretene niedersächsische Landesregierung setzte sich für die Berücksichtigung der mit dem Ende des Steinkohlenbergbaus unter struktureller Arbeitslosigkeit leidenden Kleinstadt Barsinghausen ein. Ungeachtet dessen sprachen die Verfügbarkeit eines großen Arbeitskräftepotentials sowie die günstigen Verkehrsanbindungen für Hannover als neuen Standort.

Bild: Blick in die Produktion Hannover /1/

Der Kauf des Werksgeländes wurde am 4. Februar 1955 mit der Stadt Hannover vertraglich vereinbart. Mit großer Geschwindigkeit wuchsen auf einer der damals größten Baustellen Westdeutschlands die mit den für Volkswagen typischen Klinkersteinen versehenen Werkshallen in den Himmel.

Nachdem das Personal zuvor in Wolfsburg die Fertigung des Transporters erlernt hatte, nahm das Werk Hannover am 8. März 1956 dessen Serienfertigung auf. Nach einer kurzen Übergangszeit - am 19. April 1956 endete die Transporterfertigung in Wolfsburg – stammten alle Transporter aus Hannover, wo Personalbestand und Produktionsmengen rasch von 4.954 Mitarbeitern und 48.814 Transportern im Jahre 1956 auf 17.548 Beschäftigte und 131.919 Typ-2-Fahrzeugen im Jahre 1960 kletterte.

Mit einer weiteren Aufspreizung der Modellvielfalt durch die 1958 startende Doppelkabine und die vielfältigen Spezial- und Freizeitfahrzeuge gelang das weitere Wachstum, sodass das Werk Hannover zum zweitgrößten nach Wolfsburg wurde. Das Transporter-Werk fungierte als Produktionsschmiede, nicht aber als Entstehungszentrum, da die Nutzfahrzeugentwicklung und die technische Modellpflege weiterhin in Wolfsburg verblieb.

Bild: Erweiterung der Varianten /1/

Generationswechsel

Hier ist nicht der Ort, die Vielzahl der einzelnen Änderungen nachzuzeichnen, etwa die 1959 erfolgte Ersetzung des Winkers durch den „Warzenblinker" oder der in das Jahr 1955 fallende Übergang vom Zweispeichen- zum Dreispeichenlenkrad.

Der Transporter erster Generation blieb auch dank seiner Exporterfolge in den USA erfolgreich und erreichte 1964 mit 187.947 in Deutschland produzierten Einheiten den zwischenzeitlichen Fertigungsrekord. In den nächsten beiden Jahren stagnierte die Produktion angesichts der absinkenden Konkurrenzfähigkeit bei rund 176.000 Einheiten, um als Folge der Rezession und der Modellumstellung 1967 auf 141.569 in Deutschland produzierte Fahrzeuge einzubrechen. Insoweit kam die im August 1967 startende zweite Transporter-Generation gerade noch rechtzeitig, um bei wiederbelebter Konjunktur Kaufanreize zu bieten. Das technische Konzept mit dem luftgekühlten Boxer-Motor im Heck blieb im Grunde gleich. Um 14 cm länger, 1,5 cm breiter und 3 cm höher wuchs aber der Laderaum auf genau 5 Kubikmeter. Mit seiner doppelwandigen Karosserie extrem verwindungssteif und etwas schwerer geworden, war bei einem Gesamtgewicht von 2,175 t –wie gehabt - eine Zuladung von 1 t erlaubt. Auch der aus dem VW 1600 übernommene Motor mit einer Leistung von 47 PS, der nur eine um 2 auf 107 km/h gesteigerte Spitzengeschwindigkeit ermöglichte, war eher Kennzeichen der für die Spätphase des Nordhoff-Zeitalters charakteristischen Kontinuitätslinie als ein Zeichen grundlegender Innovationskraft.

Ein Durchschnittsverbrauch von 12,5 Litern Benzin war ebenso wenig ein Kaufargument wie der um 285 auf 6.680 DM erhöhte Preis für das Basismodell des Kastenwagens. Seine Fahreigenschaften, der gewachsene Komfort und die Annäherung der Ausstattung und Anmutung an Pkw-Standards etwa bei der

Gestaltung des Armaturenbretts bildeten Pluspunkte der neuen Transporter-Generation.

1968, dem ersten kompletten Produktionsjahr, stieg die Produktion in Deutschland um mehr als 80.000 auf 228.290 Transporter. Weltweit wurden erstmals 253.919 T2 produziert. Eine Tagesproduktion von etwas mehr als 1.000 Einheiten ließ die Fabrik in Hannover und des in die Transporter-Fertigung eingeschalteten Werks Emden brummen. 1970 erreichte die Inlandsproduktion den Zwischenstand von 257.873 und 1972 den einstweiligen Höchststand von 259.111 Transportern, um dann angesichts veränderter Währungsparitäten und gewachsener Konkurrenz 1974 auf 174.121 und im Folgejahr auf 159.752 Einheiten abzusinken. Auf diesem Niveau erfolgte zwar eine gewisse Stabilisierung von Produktion und Absatz, jedoch gingen von dem Fahrzeug keine Wachstumsimpulse mehr aus.

Fahrzeugmodelle sind immer auch Spiegelbild der Unternehmensentwicklung. Dass der 1979 erfolgte Wechsel zur dritten Generation keinen Übergang zu wassergekühlten Motoren und Frontantrieb brachte, obgleich Volkswagen zwischen 1973 und 1975 unter großen Schmerzen sein neues PKW-Produktportfolio und auch den LT in die Märkte eingeführt hatte, resultierte aus der erneut eingeschränkten Finanzierbarkeit technischer Innovationen. Der T3 war also ein Kompromiss, der dementsprechend zwar alles Verbesserungspotential der gewonnenen Erfahrungen zu nutzen wusste, aber kein Sprung nach vorn bedeutete. Wiewohl die besonders kantig gestaltete dritte Transporter-Generation in Sachen Robustheit und Langlebigkeit ganz weit vorn lag und Innovationen wie der Dieselmotor oder der serienmäßige Allradantrieb schlussendlich nachgereicht wurden, blieb der Transporter bis Ende der 1980er Jahre in der alten Zeit von Volkswagen verhaftet. Denn der DIN-Verbrauch des 2-Liter-Boxermotors lag immerhin bei 13,5 Litern Benzin, was inmitten der zweiten Ölpreiskrise eindeutig zu hoch war. Einen Quantensprung bot dann der schon lange im Golf bewährte 1,6-Liter-Dieselmotor mit 50 PS Leistung, der den Verbrauch gegenüber den 1,6-Liter-Boxer-Motor um immerhin 4 auf 9,2 Liter im Stadtverkehr senkte. 1982 beendeten dann wassergekühlte Boxermotoren das Zeitalter der luftgekühlten, was ebenfalls der Reduzierung des Kraftstoffverbrauchs diente. Doch an die früheren Produktionszahlen konnte die dritte Generation, die nach einem Achtungserfolg im Jahre 1980 von 174.245 in Deutschland gefertigten Fahrzeugen ab 1982 um die 115.000 Einheiten pendelte, nicht mehr anknüpfen.

Die eigentliche Revolution vollzog sich dann – fast parallel zur Änderung der politischen Welt im Osten – im August 1990 mit der vierten Transporter Generation als Kurzhauber mit Frontantrieb, die zugleich mit einer stärkeren Unterscheidung zwischen leichten Nutzfahrzeugen, den Transportern und den Großraumpersonenmodellen wie Multivan und Caravelle verbunden war.

Bild: Transporter 1949   T5 2013 /1/

Die durchgreifende Modernisierung samt Motorenangebot gab zwar dem Absatz Impulse, die Preisposition mit einem Anfangspreis von 25.555 DM für den Kastenwagen und 31.115 DM für die Caravelle setzte jedoch Grenzen, da andere Anbieter deutlich günstigere Modelle anboten. Der T5, der hochwertigste, qualitativ beste und ausstattungsmäßig komfortabelste Transporter aller Zeiten, hat ebenfalls seinen Preis, der seine Käufer bei einkommensstarken Familien und Freizeitsportlern sowie erfolgreichen Gewerbetreibenden der OECD-Welt findet. Die T5-Produktion betrug 2013 183.577 Fahrzeuge.

Der Basis-Transporter EA 489

Emerging markets, damals noch Entwicklungsländer genannt, nahm der Vorstand der Volkswagenwerk AG in den Blick, als am 31. August 1972 unte dem Vorsitz von Rudolf Leiding entschieden wurde, einen so genannten „Basis-Transporter" unter der internen Entwicklungsbezeichnung EA 498 zur Serienreife zu bringen. Da im absehbaren Übergang zu wassergekühlten Motoren Produktionsanlagen für luftgekühlte und passende Getriebe unausgelastet bleiben würden, entstand die Idee für ein Fahrzeug, das praktisch überall mit einfachen Mitteln gefertigt werden konnte. Für eine Tragkraft von 1 t ausgelegt, bestand das zunächst vorgestellte Pritschenfahrzeug aus einem einfachen U-Profilrahmen, einem Fahrerhaus aus gradflächigen Blechen und einer Holzpritsche. Alle Blechteile, die durch Vernietung, Loch- oder Punktschweißung miteinander verbunden wurden, ließen sich mit einfachen Abkantbänken herstellen. Als Antrieb war der im T2 erprobte 1,6-Liter-Motor vorgesehen, der, vorn eingebaut, über Doppelgelenkwellen die Vorderräder antreiben sollte.

Bild: Basis Transporter EA 489 /1/

Die Querlenkervorderachse mit längsliegenden Torsionsstäben und die hintere starre Blattfederachse sollten mit den schlechten Straßenverhältnissen der erwarteten Einsatzgebiete zurechtkommen. Das zentrale Argument für dieses Fahrzeug bildete der Preis. Während für die CKD-Montage des T2 beispielsweise in Indonesien mit 16.000 DM gerechnet wurde, lag der

Basis-Transporter unter der Voraussetzung „niedrigsten Investitionsbedarfs unter bewußter Inkaufnahme eines hohen Stundenaufwandes" bei nur 7.000 DM. Zielländer in Lateinamerika sollten von Mexiko und Brasilien aus, Afrika, Asien und alle übrigen zu erschließenden Märkte von Wolfsburg aus beliefert werden, wobei der Grundsatz vorgegeben war: „Aggregate [Motor, Getriebe, Drehstäbe, Stoßdämpfer, Teilumfänge der Achsen und Bremsen] verkaufen, alles andere im jeweiligen Land herstellen."

Die Vision eines entfeinerten Budget Car für aufstrebende, aber preissensible Märkte entstand und wurde mit großem Engagement durch die Technische Entwicklung vorangetrieben. Allerdings setzten die unterschiedlichen nationalen Zulassungsbedingungen der Primitivierung der Technik einerseits Grenzen, andererseits trieben die veränderten Währungsparitäten die Preise nach oben. Eine Vollkostenrechnung ergab Selbstkosten von 3.700 DM und bei kurzfristiger Deckungskostenrechnung von 2.800 DM. Vertriebsseitig glaubte man in einer ersten Ländergruppe, die Ägypten, die Türkei, Pakistan und Ghana umfasste, 7.000 Fahrzeuge oberhalb des proportionalen Preises absetzen zu können. In einer zweiten Gruppe (Irak, Iran, Saudi-Arabien, Bangladesh, Ceylon, Zambia, Kamerun, Israel, Zaire) könnte – so die Überlegungen – das Volumen von 12.000 Fahrzeugen jährlich gerade noch zu proportionalen Kosten abgesetzt werden, während in Thailand, Malaysia, Costa Rica und auf den Philippinen zum Markteintritt sogar bei einem Jahresvolumen von 3.000 Einheiten eine Kostenunterdeckung in Kauf genommen werden müsse.

Im September 1973 entschied der Vorstand daraufhin, die Produktion von 2.700 CKD-Sätzen aufzunehmen und mit der Montage in Ländern zu beginnen, die einen Deckungsbeitrag erwarten ließen. Darüber hinaus sollte geprüft werden, ob eine Belieferung mit den CKD-Sätzen nicht grundsätzlich aus Brasilien erfolgen sollte.

Um eine lange Geschichte kurz zu machen: das Fahrzeug fand keinen Absatz, weil es nicht attraktiv oder nicht preisgünstig genug war. Inmitten der tiefen Umstellungskrise der Jahre 1974/75 lief das Vorhaben still aus.

Kooperation MAN – Volkswagen

Von größerer Bedeutung waren dagegen die im Spätsommer 1975 zwischen MAN, der damaligen Tochterunternehmung der GHH, und der Volkswagenwerk AG aufgenommenen Gespräche über ein Zusammengehen beim Bau von Lkw der Gewichtsklassen zwischen 6 und 9 Tonnen. Nachdem im gleichen Jahr die LT-Baureihe gestartet war, reiften Überlegungen, die Nutzfahrzeug-Aktivitäten im Rahmen einer Kooperation auszudehnen. Anknüpfungspunkte ergaben sich aus dem gemeinsamen Interesse, Angebotslücken im Bereich der 4-bis 9-Tonner zu schließen, wobei die LT-Reihe zu den 4- und 5-Tonnern aufschließen sollte. MAN besaß seinerseits unterhalb der 10-Tonner ein lückenhaftes Programm. Dass diese Annäherung einerseits seitens Daimler-Benz „nicht gern gesehen" wurde, wie im Dezember 1975 das Vorstandsmitglied Backsmann berichtete, lag auf der Hand. Andererseits gab der Umstand, dass das Amt des Vorstandsvorsitzenden bei Volkswagen von Februar 1975 an bei Toni Schmücker lag, der durch seine Tätigkeit im Thyssen-Konzern über beste Verbindungen zur GHH-Spitze verfügte, dem Vorhaben zusätzlichen Auftrieb. 1976 präsentierte der Vorstand im Aufsichtsrat seine Absicht, „Chancen, die auf dem Nutzfahrzeugsektor (...) liegen, durch Verstärkung bisheriger und Inangriffnahme neuer Aktivitäten als Mittel zur Realisierung der eingangs erwähnten Unternehmensziele (Festigung der Ertrags- und Beschäftigungsverhältnisse u.a. durch stärkere Diversifikation der Produktpolitik und der übrigen unternehmerischen Aktivitäten) zu nutzen".

Ein Vorvertrag vom 14. Oktober 1976 verpflichtete zur Prüfung der Voraussetzungen einer Kooperation, um nach einem positiven Ergebnis in die Phase der Realisierung zu treten. Ziel der Kooperation war es, wie es in der Vorlage zur Aufsichtsratssitzung der Volkswagenwerk AG vom 14. April 1977 hieß, im Bereich der 6- bis 9-Tonner eine wettbewerbsfähige LKW-Reihe arbeitsteilig zu entwickeln, zu produzieren und zu vertreiben.

Bild: Gemeinschaftsreihe VW – MAN 1982 /2/

Zielgröße war eine Steigerung des Marktanteils im Inland von 2 auf bis zu 30 Prozent und in Europa auf bis zu 15 Prozent. Für die übrigen Weltmärkte war eine nachhaltige

Absatzmenge von 14.000 Einheiten veranschlagt. Die Exportquote sollte über 60 Prozent betragen.

Die Entwicklungsarbeiten wurden nach einem Baukastenkonzept arbeitsteilig durchgeführt, wobei Volkswagen Fahrerhaus, Hinterachse, Getriebe, Schaltung, Elektrik und Pritsche übernahm, während MAN für den Motor, die Vorderachse, Lenkung, Rahmen und Bremsen verantwortlich zeichnete. Auch die Herstellung sollte arbeitsteilig erfolgen, wobei Getriebe und Hinterachse aus dem Volkswagen-Werk Kassel stammten, Fahrerhäuser, Hinterachsteile und die Fahrzeug-Endmontage im Werk Hannover abgewickelt werden sollte. „Mit Rücksicht auf die dortige Beschäftigungssituation" übernahm das Werk Hannover einen Montageanteil von 75 Prozent der gesamten LKW-Reihe, um im Zwei-Schicht-Betrieb arbeiten zu können. Für den Vertrieb sollte die Doppelmarke VW-MAN verwendet werden; die Marketingpolitik wurde einer gemeinsamen Fachkommission übertragen. Der Inlandsvertrieb sollte im Kern von der MAN-Vertriebsorganisation unter selektiver Einbeziehung der VW-Absatzorganisation erfolgen. Im Ausland hatte die jeweils stärkere Importstruktur den Vorrang. Der Kooperationsvertrag hatte eine Laufzeit bis mindestens Ende 1985.

Im November 1979 lief die Produktion der G-Reihe im Werk Hannover an. Ein Vorstandstreffen am 30. November 1982 musste allerdings eine wenig befriedigende Zwischenbilanz ziehen. Der Absatz blieb weit hinter den Erwartungen zurück und lag mit 2.870 Fahrzeugen gegenüber einem Plansoll von 10.000 Einheiten im nicht kostendeckenden Bereich. Die kumulativen Verluste summierten sich auf 140 Mio. DM. Die Rezession in Europa stand einem Markterfolg entgegen, während in Übersee das Eindringen in geschlossene Märkte nicht gelungen war, da sich das Produktkonzept als technologisch zu anspruchsvoll und damit als preislich nicht konkurrenzfähig erwiesen hat. Überdies fehlte eine MAN-Abschlussreihe, sodass der Aufbau einer sich tragenden Absatzorganisation verfehlt wurde und sich MAN beispielsweise in Afrika vollkommen zurückzog. Auch wenn sich beide Vorstände für eine Kooperation über das Jahr 1987 hinaus aussprachen, um die Anlaufverluste auszugleichen, standen die Zeichen dauerhaft nicht auf grün. Der Jahrzehnte später erfolgte Eintritt der MAN SE in den Konzernkreis der Volkswagen AG hebt frühere Kooperationen auf eine ganz neue Ebene.

Internationalisierung

Transporter wurden gleich im ersten Produktionsjahr 1950 exportiert und von 1953 an auch in Brasilien auf CKD-Basis in Sao Paulo montiert. Es ist nicht ganz unbezeichnend, dass das erste Investitionsprogramm in ein brasilianisches Werk die Serienfertigung des Transporters anstrebte. Dass 1957 im neuen Werk Anchieta die Herstellung des Transporters anlief, bevor die Fabrik im November 1959 offiziell eröffnet wurde, sei ebenfalls erwähnt. Ab 1955 wurde der T1 auch in Australien und Südafrika gefertigt. Doch das waren allenfalls auf die regionalen Verhältnisse angepasste Modelle, keine Eigenentwicklungen. Während der T2-Zeit fertigten Volkswagen do Brasil und Volkswagen de Mexico Transporter, darüber hinaus erfolgte in zahlreichen Ländern die CKD-Montage.

Zum internationalen Nutzfahrzeughersteller wurde Volkswagen im März 1979 durch den Erwerb von zwei Dritteln der Anteile der „Chrysler Motors do Brasil Ltda." in Sao Bernardo do Campo. Nach Übernahme der restlichen Anteile erhielt die Konzerntochter im Februar 1981 ihren neuen Namen „Volkswagen Caminhoes Ltda.". Zu einem reinen Nutzfahrzeughersteller umstrukturiert, trieb die südamerikanische Tochter die Entwicklung einer eigenen LKW-Reihe voran. Ergebnisse dieser Anstrengungen waren ein 11- und 13-Tonnen-LKW, die im März 1981 auf dem brasilianischen Markt eingeführt wurden.

Im April 1980 erfolgte zudem die Übernahme der Mehrheitsanteile der „Chrysler Fevre

Argentina S.A.I.C.", die am 21. November des gleichen Jahres in „Volkswagen Argentina S. A." umfirmiert wurde. Bereits 1978 hatte Toni Schmücker ein gemeinsames Vorgehen von Volkswagen und MAN in Südamerika angestrebt. Nachdem aber MAN aus internen Gründen eine Mitwirkung abgesagt hatte, sah sich Volkswagen im Januar 1979 auf der Basis der LT-Produktion und des aus dem Serienanlauf der G-Reihe entwickelten Know-hows in der Lage, eigene Schritte auf dem südamerikanischen Kontinent zu gehen.

Wie bei vielen anderen Vorhaben auch, nahm das Nutzfahrzeuggeschäft in der Piëch-Zeit neue Wege, indem 1995 in Resende von der Volkswagen do Brasil und Partner aus der Zulieferindustrie ein auf die modulare Bauweise ausgerichtetes Lastwagen- und Buswerk eröffnet wurde. Zu den Besonderheiten gehört, dass die Zulieferer direkt in die Endmontage einbezogen waren. In Brasilien wurden LKW von 7 bis 42 Tonnen und Bus-Chassis für die Gewichtsklassen von 8 und 16 Tonnen entwickelt und produziert. Die Fahrzeuge sind extrem robust, auf die Nutzerbedürfnisse der Eigentümer ausgerichtet und erfolgreich. Im Zuge der Neuorientierung des Unternehmens wurde Volkswagen Truck and Busses an die MAN verkauft, aber weiter unter dem vorherigen Markenzeichen vertrieben. Als weiterer Aspekt des Südamerikageschäfts ist anzuführen, dass Volkswagen Argentina zunächst ausschließlich die Produktion des Amarok, des neuen Pick-up-Modells von Volkswagen, verantwortete.

Bild: VW Produkte aus Brasilianischer Fertigung /1/

In Europa schließlich hat sich der Standort Poznań in den letzten 20 Jahren zu einem weiteren Standbein der Nutzfahrzeugproduktion entwickelt. Am 19. Mai 1993 war ein Joint Venture mit der „FSR Polmo" geschlossen worden, mit dem Ziel einer Aufnahme der CKD-Fertigung von T4-Fahrzeugen. Nach Abschluss der ersten Ausbauphase erfolgte ab Anfang 1994 die Montage von 20 Transportern am Tag. 1997 als „Volkswagen Poznań" zur 100-prozentigen Konzerntochter geworden, steigerte der 1996 um eine Gießerei und 2001 um eine Lackiererei erweiterte Standort seine Produktion und die Mitarbeiterzahl immer weiter. Mit dem Modellwechsel auf den T5, aber insbesondere mit dem Anlauf der Caddy-Produktion im Jahre 2001 steigerte sich die Bedeutung des polnischen Engagements, da von dort die weltweite Belieferung mit dem Stadtlieferwagen erfolgt.

Zum Schluss sei nur kurz erwähnt, dass die Marke Volkswagen- Nutzfahrzeuge im Geschäftsjahr 2012 von seinen in vielen Varianten hergestellten Modellen T5, Saveiro, Amarok und Caddy insgesamt 486.544 Einheiten hergestellt hat. Die Erweiterung des Volkswagen- Konzerns um die Nutzfahrzeughersteller Scania und MAN eröffnet weit mehr Entwicklungsmöglichkeiten, als in einer knappen Übersicht über die vergangenen sechs Jahrzehnte aufgeführt werden konnte. Welcher Weg vom ersten Bulli bis zu der Constellation-Baureihe und von Wolfsburg hin zu den heutigen zahlreichen Nutzfahrzeugstandorten beschritten wurde, lässt sich zumindest ansatzweise erahnen.

Bildquellen:
/1/ Volkswagen AG
/2/ MAN Nutzfahrzeuge AG

Vom Leiterrahmen zum selbsttragenden Aufbau
Eigenständige Busentwicklungen seit 1951
Dipl.-Ing. Robert („Bob") Lee

Zusammenfassung

1951 gilt als das Jahr der Emanzipation der Omnibus- von der Lastwagentechnik. Nicht nur löste die selbsttragende Karosserie den bis dahin vom LKW übernommenen Leiterrahmen ab, auch der Motor wanderte von vorn ins Heck. Kurz darauf wurden Vierrad-Einzelradaufhängung mit Luftfederung, elektrische Lenkradschaltung und unter Last schaltbare Getriebe eingeführt. Schon seit Mitte der 1930er Jahre verdrängte die Frontlenkerbauweise die Haubenbauart und verschaffte damit dem Omnibus mehr Fahrgäste auf gegebener Verkehrsfläche sowie Möglichkeiten zum eigenständigen Design und zur (Autobahn-)Aerodynamik.

Der Bushersteller Gottlob Auwärter/Neoplan spielte eine Vorreiterrolle in Bezug auf Luftfederung, Düsenbelüftung, tiefen Mittelgang, abgesetzten Fahrerplatz, Hochdecker, geklebte Scheiben, Hybrid-Antrieb (diesel-elektrisch), Carbon-Glasfaser-Verbundwerkstoff und weitere Neuerungen. Zusammen mit fortschrittlichem Design löste sich Neoplan aus der Gilde der Busbauer, von denen es mehr als 70 im Nachkriegsdeutschland gegeben haben mag, und besetzte einen der Spitzenplätze der Branche. Globalisierung und Konzentration der Kräfte führten 2001 zur Übernahme durch MAN.

Vita
Dipl.-Ing. Robert („Bob") Lee

Ausbildung zum Karosserieschlosser in der Schweiz; Studium an der Wagenbauschule Hamburg (heute Hochschule für angewandte Wissenschaften, Fachrichtung Fahrzeugtechnik), Abschluss als Dipl.-Ing. (FH); Diplomarbeit zusammen mit Albrecht Auwärter: Neoplan-Bus-Typ 'Hamburg' mit damals aufsehenerregenden Neuerungen (Design, Luftfederung, Einzelradaufhängung und weitere).

Bus-Konstrukteur bei Gottlob Auwärter/Neoplan;
Aufbau und Leitung des Neoplan-Werks in Lamar/Colorado;
Gründer und Band-Leader der Big Band 'Neoplan Bus-Stop' in USA;
Beratungsfirma 'Bob Lee Design' in Stuttgart nach altersbedingtem Ausscheiden bei Neoplan;
verschiedene Auszeichnungen, darunter VdM-Dieselring;
Mitglied verschiedener Jazz-Bands in Deutschland.

Vom Leiterrahmen zum selbsttragenden Aufbau
Eigenständige Busentwicklungen seit 1951
Dipl.-Ing. Robert („Bob") Lee

Busse sind schon weit über 100 Jahre alt. Der Vortrag beginnt in den 50-er Jahren nach dem Krieg. Die am weitesten verbreitete Bauform für Busse waren die Aufbauten auf Chassis von LKW- Haubenfahrzeugen (Frontengine- Chassis). Die Karosseriebauer (in Deutschland 73 Unternehmen) der 50.- Jahre versuchten die Unabhängigkeit von den Tonangebenden Fahrgestell Lieferanten. Der Fahrerplatz wanderte nach vorne neben den Motor, der Frontlenker war geboren.

Unabhängigkeit und verbesserte Sicherheit veranlasste Karosseriebauer freitragende Konstruktionen ohne fremde Fahrgestelle zu bauen. Damit wurden die kritischen Stellen, steifer Aufbau mit Verbundweichem Fahrgestell eliminiert. Busse wurden schneller und neue Lösungen waren gefragt.

Anhand eigener Erlebnisse und am Beispiel des Unternehmens Neoplan wird erläutert, wie zum Teil Bahnbrechende oder auch Designtechnische Lösungen die Nr. 71 auf dem Deutschen Markt zur Jahrhundertwende zur Nr. 4 werden ließen. Alles ist schon da gewesen aber vieles hat sich nicht - oder noch nicht - durchgesetzt. (Wir waren damals die Rechenschieber Generation.)

1961 Typ Hamburg
Erster Reisebus mit Düsenbelüftung, Luftfederung, kombinierte Seiten- und Oberlicht-Scheiben, tiefer Mittelgang, abgesetzter Fahrerplatz, usw..

1965 Skyliner 67
Das Sightseeing Modell ist der Vorläufer für den 17 Jahre alleine von Neoplan gebauten Erfolg „Skyliner". Wachstum der Firma Neoplan.

1973 Jetliner
12 Jahre später. Erstes Serienfahrzeug mit geklebten Seiten Scheiben. Design war mein Wunsch. Die zusätzliche Stabilität des Aufbaus ist eine neue Erkenntnis. Heute von 90% aller Busbauer verwendet.

1971 Cityliner, der 911 von Neoplan
Vom Sightseeing zum meistverkauften Hochdecker seiner Zeit in Deutschland. Über 40 Jahre mit dem gleichen Designkonzept auf dem Markt; das ist mein 911.

1976 Linienbusse und Niederflur Entwicklung
Der VDV will die Neoplan Niederflurbus- Entwicklung bremsen. Der VDV unterstützt zu dieser Zeit die Entwicklung für den Standardlinienbus II in konventioneller Bauweise, der für den Markt vorbereitet wird.

1988
Mit Beginn 1985 in USA, 1. Komplettbus in Faserverbundstoff.

1994
Der Vordenker Albrecht Auwärter ist gestorben.

1996
Wichtigstes Moment für die Firma: wir sind noch da. Versuch den sichersten Bus zu bauen, Neoplan Starliner ein revolutionäres Fahrzeug der Oberklasse. Design thinking würde man heute sagen, aber dahinter stand die gleiche Philosophie: „...was will der Kunde?" Keine abstrakte Entwicklung, absetzen von Konkurrenten.

1991
Europäische Gesetzesänderung.
Die Fahrzeuggesamtlänge von Bussen wird von 12 auf 15m geändert. Der Neoplan Megaliner entsteht. Neoplan ist inzwischen die Nr. 5 auf dem Markt. Dem Unternehmen Neoplan gelingt die Veränderung der Europäischen Gesetzgebung die in dieser Form 10 Jahre (!!) fester Bestandteil der Busentwicklung war.

2000
Im Jahr 2000 werden 2000 Busse gebaut. Mit 2000 fest angestellten Mitarbeitern. Eine Milliarde DM Umsatz war die Vorgabe und die Neoplaner erreichten das Ziel

2001
Verkauf der 5 Deutschen Neoplanwerke an MAN.

Welche Erkenntnisse wurden im Rückblick auf die zweiten 50 Jahre Busentwicklung gewonnen? Eine kleine Mannschaft von Bustechnikern kann die Buswelt bewegen. Was man braucht sind Fachmänner, wenig Controller, den Busschein für jeden Entwickler und immer am Ball bleiben.

Direkter Kundenkontakt ist die beste Schule für Entwickler, plus Testfahrten mit Verbänden. Flexibilität ist oft auch die Folge des finanziellen Drucks. Die Fragestellung lautet: Wie überleben wir?

Design hat einen höheren Stellenwert im Kundenkaufverhalten als manch anderes Element. Mut wird nicht immer belohnt; seiner Zeit voraus kann schädlich sein.

Heute ist es einfacher hochwertige Busse zu bauen. Die große Zulieferindustrie entwickelt und liefert alle wichtigen Komponenten zur Herstellung von Bussen. Und das auch in den technisch hochwertigen Bereichen wie Achsen, Lenkungen, Antriebseinheiten und weiteren Chassis- Bauteilen.

Die Bau- und Produktions- Merkmale von Neoplan finden sich in folgenden im Ausland gefertigten Bussen, Polen/ Olschefsky: 1000 Busse; China New Man/ David: heute 5000 Busse; Türkei/ Temsa: 3000 Busse. In den USA hat Neoplan im Zeitraum von 1981-1998 ca. 14000 Busse gebaut. Minsk verwendet nur Neoplan Design

Ich will die fantastischen Entwicklungen im Elektronikbereich nicht vergessen. Sie haben dem Bus in den letzten 10 Jahren nochmals einen ungeheuren Schub vom sichersten Verkehrsmittel zu noch geringeren Unfallzahlen verholfen.

Eines bleibt trotzdem noch offen und ist nicht abschließend gelöst: Wie kann geringeres Eigengewicht, durch neue Techniken ermöglicht werden? Eine höhere Überrollsteifigkeit, konnte von Neoplan bereits 1988 in ersten Fahrzeugen (MIC) gezeigt werden. Flugzeuge von Boeing und Airbus zeigen die Anwendung von Faserverbund Strukturen heute und sparen bis 25% Kraftstoff. Das Fahrzeug BMW i3 zeigt wie Faserverbund Strukturen in eine Serienfertigung umgesetzt werden kann.

Die Frage steht im Raum, ob ein Konzern das Thema Faserverbund für die Busindustrie aufgreift, oder ob es wieder wie bei Neoplan eine kleine Firma sein muss? Kommen wird die Technologie früher oder später: die Neoplan MIC Busse in Kunststoffbauweis haben es in 25 Jahren bewiesen.

Foliendokumentation
Dipl.-Ing. Bob Lee Busentwicklung

AUTOMOBIL KOLOQUIUM

Nutzfahrzeuge gestern, heute, morgen.

Vom Leiterrahmen zum selbsttragenden Aufbau:

Eigenständige Busentwicklungen seit 1951
(aus der Sicht eines NEOPLAN Konstrukteurs)

Referent: Dipl. Ing. Bob Lee

(Abbildungen aus Omnibusspiegel und Omnibusgeschichten 2 Huss Verlag, und Prospektbilder.)

1956 Selbstragend mit Frontmotor

Chassis Aufbauten unsicher?

SETRA S 8

1961 Revolution im Busbau

Mit dem Typ Hamburg begann 1961 der weltweite Siegeszug der Marke Neoplan. Daher ist der Prototyp dieses Erfolgsmodells, ein NH 6/7, im Auwärter Museum in Stuttgart ausgestellt. Links ist eine Büste des Firmengründers Gottlob Auwärter zu sehen.

Luftfederung und Fahrschemel

Das Modulsystem von 31-60 Sitze

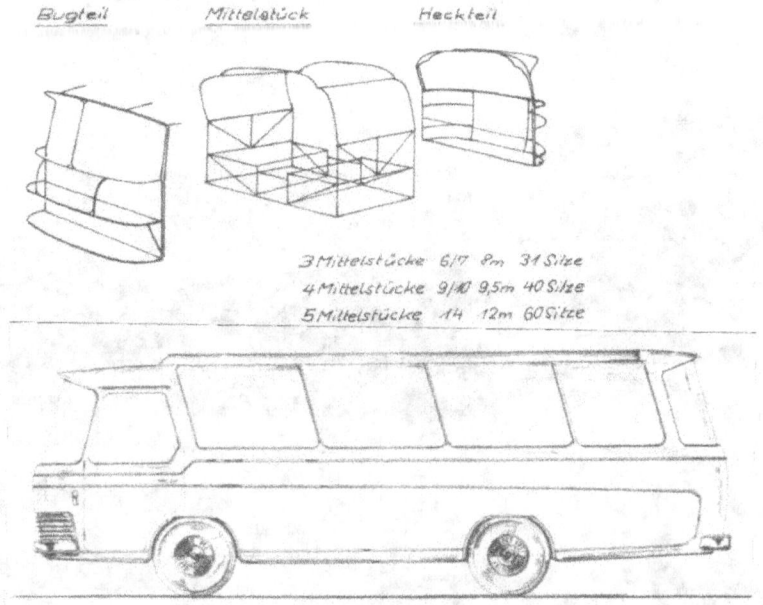

Modul System von 8-12m

Dachlast Test a la Neoplan

Ein Juwel der 70er: der Roscobus NH 12 | Der Klassiker: NEOPLAN NH 16

Werkstatt-Geflüster...

Bei der Probefahrt des Prototyps Hamburg stellte sich heraus, dass die Düsenbelüftung bei hoher Geschwindigkeit nicht funktionierte. Dr. Konrad Auwärter erzählt: „Wir mussten den Prototyp noch einmal dahingehend überarbeiten, dass der Lufteintritt für die Düsenbelüftung oberhalb der Frontscheibe stattfand. Um im Bus ein Behaglichkeitsgefühl zu erreichen benötigt der Fahrgast ein Volumen von rund acht Kubikmeter Luft pro Stunde, d.h. das gesamte Luftvolumen des Fahrgastinnenraumes muss innerhalb von zwei Minuten ausgetauscht werden. Das setzt eine zugfreie Be- und Entlüftung des Busses voraus. Erst als dies erreicht war, wurde der Bus an die Firma Diller verkauft."

Einen „Dachlasttest" der besonderen Art führte Gottlob Auwärter Anfang der 60er Jahre durch. Pragmatisch demonstrierte er die Tragfähigkeit seiner Busdächer, indem er alle Werksangehörigen auf das Dach des Typs Hamburg bat. Sein Motto: Es sollten so viele Männer das Busdach besteigen, wie Fahrgäste im Innenraum Platz finden. Als Gottlob Auwärters Bankdirektor das Foto Jahre später vorgelegt bekam, wollte er wissen: „Wann wurde diese Aufnahme gemacht?" Gottlob Auwärter dachte kurz nach und antwortete dann: „In der Mittagspause!"

Überrollunfall

Ab 1973 geklebte Verglasung

Urvater des Doppeldeckers

Damals und Heute

Skyliner heute

Urvater des Cityliners

Hochdecker Nr 1. 1971

Mit dem Cityliner vollzog Neoplan 1971 einen Quantensprung bei der Reisebus-

1971-heute

G. Auwärter N 116 Cityliner

Cityliner Heute

Der Metroliner in Carbon design

1988 Sensation im Busbau

Mic Prototypenfertigung

Im Neoplan Stammhaus Stuttgart wurde eigens eine «Kunststoff Entwicklungswerkstatt» eingerichtet und ein Spezialisten Team aus bewährten Karosseriebauern der Werke Stuttgart und Pilsting ausgebildet.

ECE R 66 Test der Faserverbund Karosserie

Beim Überschlagtest nach ECE 66 konnten an der Zelle keinerlei Verformungen festgestellt werden. Der Überlebensraum wurde nicht einmal geringfügig beeinträchtigt. Der Kippwinkel betrug bei den Messungen mehr als 60 Grad.

USA Seiten Crash mit 2 Tonnen PKW

ENTWICKLUNG & TECHNIK

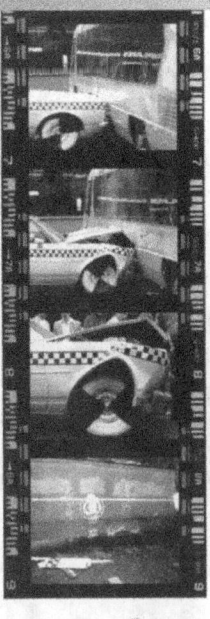

Nach wie vor ist der Omnibus das sicherste Straßenverkehrsmittel. Daß dies auch in Zukunft so bleibt, dafür sorgen unsere Ingenieure.

Selbstverständlich entsprechen die NEOPLAN-Omnibusse der neuen FCL X 64, in die die Anforderungen an die Festigkeit des Aufbaus eingegangen sind. Zwerth in der Konstruktionsabteilung wurden mit Hilfe der Finite-Element-Methode Umrechnungen erstellt, um potentielle Schwachstellen aufzuspüren. Unsere Omnibusse sind mit einer neuen Palette an sicherheitsrelevanten Einrichtungen ausgestattet – von ABS und ASR über Retarder und Sicherheitslenksäule bis zur Sicherheitsbefestigung. Dazu besonders Aufmerksamkeit haben wir dem Arbeitsplatz des Fahrers gewidmet, dessen verantwortungsvolle Tätigkeit durch unser ergonomisches Armaturenbrett auf vorbildliche Weise unterstützt wird. Daß wir über die vorbildlichen Vorrichtungen an den Standort der Zukunft schauen, belegen Beispielhaft unsere beteiligt durchgeführten Crash-Tests vor dem Überrollen. Die für den Omnibussein revolutionäre Finanzkonstruktion mußte die besonders ausgesprochen amerikanischer Sicherheitsrichtlinien erfüllen und aufwendig Alternativen bestehen, bevor die MC von unseren Konstruktionen für die Serienfertigung freigegeben wurde.

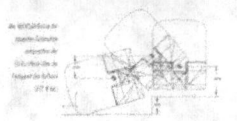

Dach, Kipp, Rüttel und Crash Test

MIC Einsatz nach 20 Jahren

Ein Neoplan geht nicht unter

Der erste Midi-MIC wurde im Juli 1989 im Probstsee hinter dem Stuttgarter Neoplan Werk zu Wasser gelassen und ging nicht unter - im Gegenteil, er ist noch immer im Einsatz.   > Fotos: Andreas Schneider, Neoplan

Neoplan MIC V
GEHT NICHT UNTER

Es war sicherlich eines der ungewöhnlichsten Fotos, die ein Omnibushersteller von seinen Versuchen an einem neuen Modell veröffentlichte: Auwärter-Neoplan hatte im Juli 1989 im Probstsee direkt hinter dem Neoplan-Werk in Stuttgart-Möhringen die Zelle eines Metroliner in Carbon-Design (MIC) zu Wasser gelassen, um neben der Demonstration des extremen Leichtbaus auch die Dichtigkeit und damit die Voraussetzung für Korrosionsbeständigkeit zu prüfen.

Der Metroliner in Carbon design

Interne Liste der Entwicklungsziele Starliner

Entwicklungsziele X 500

Die neue Generation der Reisebusfamilie (Königsklasse) wird unter dem Entwicklungsrahmen X 500 in Angriff genommen. Hinter der Zahl 500 soll die geplante Fertigungszeit sowie die Entwicklungszeit, rund 500 Tage von der Entwicklung bis zur Vorstellung auf der IAA 1996 symbolisch dargestellt werden.

Entwicklungsziele der neuen Busgeneration sind:

1. Sicherheit im Omnibus neu definieren (beim Überrollen mindestens so gut wie ein PKW)
2. Fertigungszeiten drastisch reduzieren
3. Anwendung von neuen Technologien (Front, Seitenwände geklebt, Komplettdach mit integrierter Klimaanlage, etc.)
4. Gewichtsoptimierung
5. Design: jung, dynamisch, NEOPLAN-like
6. Vorsprung durch Einmaligkeit
7. hundertprozentig passagierfreundliche Konstruktion im Bezug auf Aussicht, Klimatisation und Komfort
8. Integriertes Navigationssystem
9. Neu definierte Dreiecks-A-Säule zur versteiften Dachkonstruktion (Gebrauchsmusterschutz)
10. Fahrwerksoptimierung, speziell Kurvenneigung und Federungsabstimmung
11. Alle Räder mit Scheibenbremsen
12. Neue Sicherheitssitze
13. Automatisch öffnende Kofferklappen
14. Zentrales, elektronisches Schließsystem
15. Geschlossene Hinterachse aus Sauberkeits- und Sicherheitsgründen
16. Sicherheitsmerkmal, das Doppel-"A" in der Fenstersäulen-Konstruktion
17. Neue Glasentwicklung - dünner, leichter und besser absorbierend!
18. Das Fahrzeug muß zu 90 % standardisiert sein und nur zu 10% Kundenvarianten aufweisen!
19. Einbau eines DSC-Systems (dynamische Stabilitätskontrolle bei Mercedes als ESP (electronic stability programme) PKW in der Erprobung.

A-Design

Safty first

Starliner N 516 SHD

Novacore Versteifung der Knoten

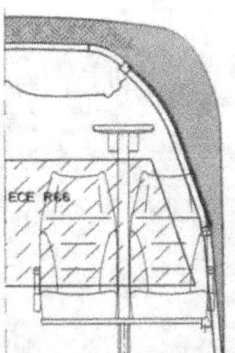
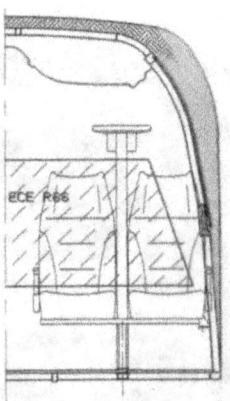

Seitenwand ohne Knotenversteifungen

Seitenwand mit Knotenversteifungen nach dem Novacore-Verfahren.

CS Sitzentwicklung

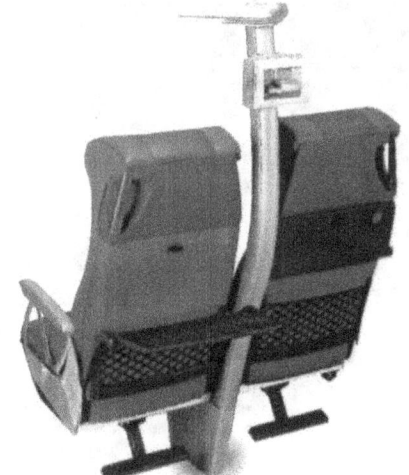

Die neuen CS-Sitze (Comfort-Safety) bieten mehr Platz- und Sitzkomfort durch um 2,5 cm verbreiterte Sitzverhältnisse pro Reisegast.

Starliner 2

Im September 2004 präsentierte NEOMAN auf der IAA in Hannover den Starliner

Hightech für Komfort und Sicherheit

Gesetzes Änderung
12 m Solowagenlänge auf 15m bringen

Eine neue Omnibusdimension schuf Neoplan 1991 mit der 15 m langen Megaklasse, deren Topmodel der Doppeldecker Megaliner war. Es gelang dem innovativen Busbauer, europaweit eine Veränderung der Längenvorschriften für Busse zu erreichen und die neue Höchstlänge von 15 m durchzusetzen.

15m besser als 18m?

Wendekreis durch 4 Achslenkung

Sie ist in der Tat ein technischer „Leckerbissen", der unsere jahrzehntelange Doppeldeckerbus-Erfahrung besonders eindrucksvoll auf Touren bringt.

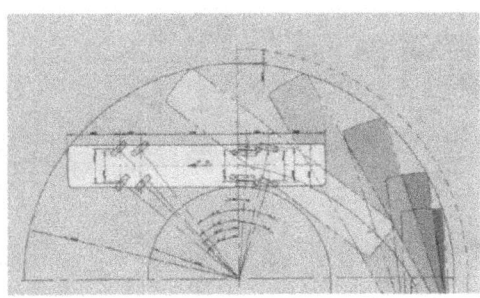

Allerhöchstes Niveau in puncto Aufstiegsmöglichkeiten erwarten die

Erstes Niederflur Concept

Vom Vorfeld Flughafenbus zur Niederflurtechnik 77

1976 erster low entry bus

Als Antwort auf den Standardbus schuf Neoplan eine eigene, sehr innovative Lösung, die man heute Low Entry nennen würde: den N 814. 1976 stellte Neoplan erstmals einen Niederflurbus für den normalen Linienverkehr vor, nachdem man diese Bauweise schon länger bei Flughafenbussen und Doppeldeckern anwandte.

Durchbruch der Niederflurtechnik

Der Niederflurbus mit stufenlosen Ein- und Aussteigen war geboren und schnell zur Serienreife erwachsen. Damit die Fahrgäste jedoch in den vollen Genuss der Niederflurbauweise kommen konnten, mussten erst die Haltestellen der neuen, einstiegsfreundlichen Niederflurhöhe angepasst werden. Die Höhe der Fahrgastaufstellfläche und der vom Busfahrer einzuhaltende Abstand zum Bordstein bedurften also einer Neukonzeption. Der Bundesminister für Verkehr beauftragte Ulrich Rogat, den Technischen Leiter der Vestischen, diese Problematik in einem Forschungsauftrag zu lösen. Nach nicht einmal einem Jahr konnte das Ergebnis präsentiert werden. Die Bordsteinkante war nun glatt und hatte eine für die Berührung mit dem Reifen optimale Neigung. Die Höhe ist seither mit 160 mm definiert. Die damals zusammen mit der Industrie erarbeitete „ideale Haltestelle" ist heute europaweiter Standard – ebenso wie die von NEOPLAN entwickelte Niederflurtechnik!

1982 830 mm Fußboden Kompromiss des VDV

NEOPLAN SL II

Im Herbst 1982 lagen die endgültigen Richtlinien der zweiten Standard Generation, dem SL II, vor. Da man auf Änderungen und Neuerungen bei Auswärter NEOPLAN stets kurzfristig reagierte, konnte man schon im November 1982 als erster Wettbewerber das erste standardisierte Fahrzeug präsentieren: den N 416 SL II. Dieser ist mit 11,52 m Länge kürzer als der 0.80 und weist einen niedrigeren Fußboden von 720 mm Höhe und damit bequemere Einstiege auf.

Zunächst fand die U-förmige Stoßstange Verwendung, ab Herbst 1983 dann eine neue, dreiteilige Frontpartie aus GFK. Das Wegschwenken der Seitenteile und das Hochschwenken des Mittelteils ermöglichte eine hervorragende Zugänglichkeit zu den dahinter liegenden Bauteilen. Die ersten Fahrzeuge mit neuer Front waren unter anderem sieben 17,24 m lange Gelenkzüge des Typs N 421 SG für die HEAG in Darmstadt.

Unter Strom 1989 erster Hybrid

Unter Strom - Elektromobilität

Der elektrische Antrieb für Omnibusse ist älter als der mit Verbrennungsmotor und sogar älter als das Automobil: Bereits 1882 fuhr in Berlin der erste Trolleybus. Größere Bedeutung erlangte dieses Verkehrsmittel aber erst in den 1930er Jahren.

Bei den nicht fahrleitungsgebundenen Elektrobussen - also im wesentlichen den Batteriebussen - kann man ebenfalls eine lange Tradition verzeichnen. Gerade in der Frühzeit des Omnibusses gab es immer wieder Bestrebungen, die überlegenen Beschleunigungseigenschaften des Elektromotors zu nutzen. Sie scheiterten vor allem an Gewicht und Kosten der Batterien.

Auch bei Elektrobussen gibt es diverse Aktivitäten zur Erhaltung alter Fahrzeuge, von denen wir nur einige beispielhaft zeigen können.

Bereits lange vor dem aktuellen Hybrid-Hype schickte Neoplan unter dem Projektnamen Magnetmotor 1989 einen seriellen Hybridbus im Stadtverkehr München auf Linie. Als Speicher fungierte ein Schwungrad mit 1,3 kWh Energieinhalt.

1987 Low Flor Gelenkzug

1987 der erste Niederflur Gelenkbus für München.

Neoplan inspirierte den Linienbusbau mit eigenen Ideen, die wichtigste und nachhaltigste war die Niederflurbauweise. 1987 stellte Neoplan den Prototyp eines niederflurigen Gelenkbusses vor, den N 421 SG II/3N. Dieses Konzept wurde anfangs kontrovers diskutiert, hat sich inzwischen aber weltweit durchgesetzt. Der ehemalige Wagen 5410 der Stadtwerke München wurde von Neoplan in Pilsting restauriert und befindet sich jetzt in der Obhut des Omnibusclub München.

Suche nach dem Ideal, Diesel- Elektrisch, 4 Rad Lenkung

Über einen dieselektrischen Antrieb mit Radnabenmotoren verfügen auch die Neoplan Metroshuttle. Um einen weitgehend ebenen Wagenboden zu erhalten, ist die zweite Achse ganz hinten angeordnet und gelenkt. Wagen 2307 der Vestischen fährt demnächst in das Auwärter-Museum.

Rad naher MM Antiebsmotor

N 4114 DES

- **Fahrzeugdaten**
  - Länge: bis 12750 mm
  - Breite: 2550 mm
  - Höhe: 3070 mm
  - Zul. Gesamtgewicht: 19.000 kg
  - Sitzplätze: bis zu 37
  - Stehplätze: ca. 57
- **Karosserie**
  - Elektro hydraulische Hinterachslenkanlage
- **Inbetriebnahme** 1996

- **Energiequellen**
  - Dieselmotor KHD BF 6M 1013 ECP (195 kW)
  - Dieselmotor MAN D 0826 LOH (191 kW)
  - Dieselmotor MB OM 906 (205 kW)
  - Magnetdynamischer Speicher (MDS)
- **Antriebseinheit**
  - Generator MM/Schaltbau 150 kW
  - Radnabenmotoren MM/Schaltbau 2 x 80 kW
- **Laufleistung 1996 ca. 80.000 km**

Dieselelektrische Antriebs Systeme von Neoplan

Anhänger an Omnibussen

Rückkehr zum Personen Anhänger?

Go4Citytrain von Göppel

ZF Reisebus Komponenten

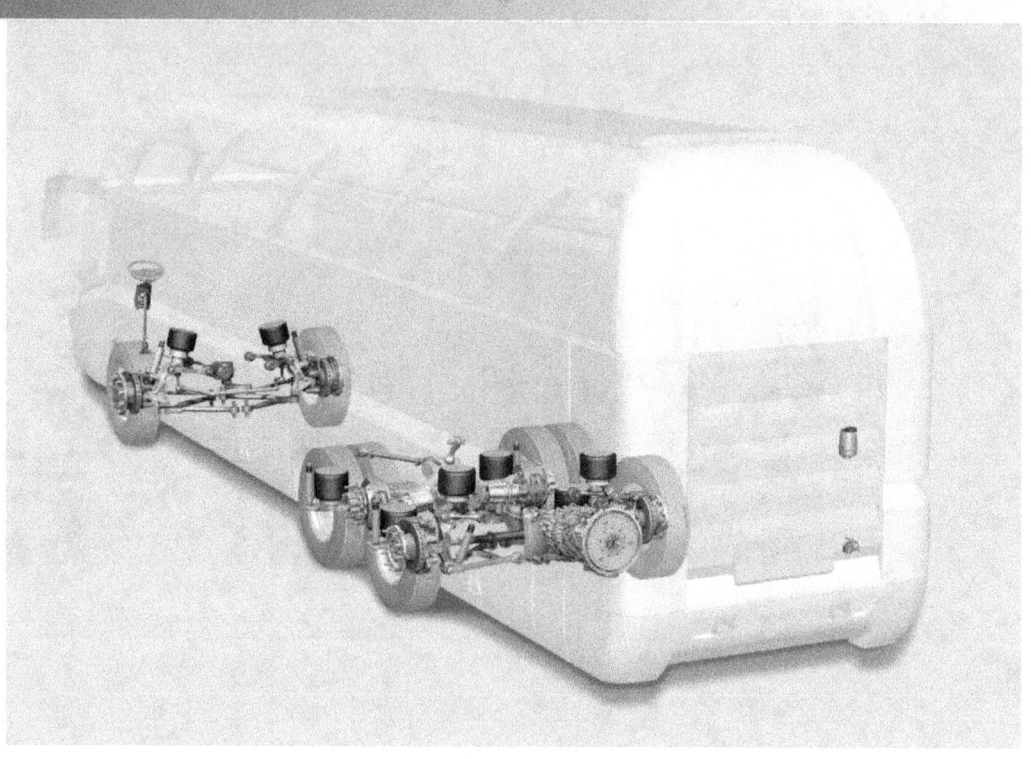

ZF Linienbus Komponenten

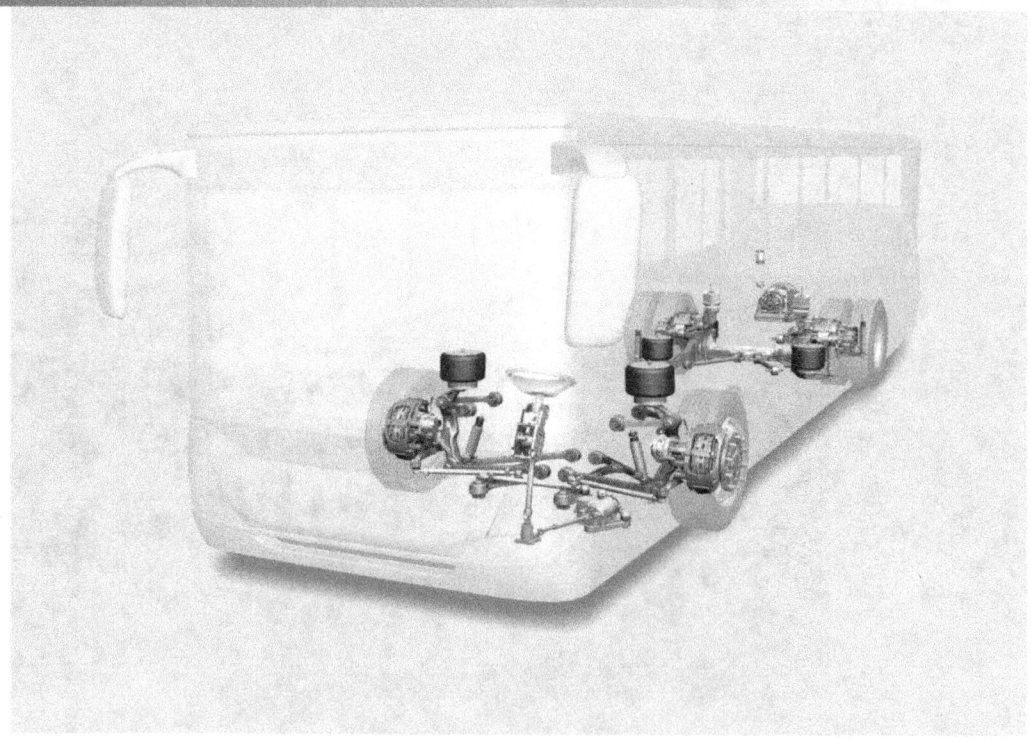

Varianten der Außengestaltung

V Design

Neu Mercedes

Glaskanzel ohne B-Säulen Betonung

B-Säulen design Golden Dragon

Ein im Abflauen begriffenes Marktsegment bedient Golden Dragon mit dem Dreiachser XMQ 6130 Y, er ist nur 12,99 m lang. Vorder- und Nachlaufachse des 3,90 m hohen Luxusbusses stammen von ZF und verfügen über Einzelradaufhängung. Bei Radständen von 6,00 m und 1,50 m sowie einem vorderen Überhang von 2,72 m fällt der hintere Überhang mit 2,77 m sehr kurz aus, was dem Hochdecker eine ausgezeichnete Wendigkeit verleiht.

Bus gegen Bahn/ Bahn gegen Bus

Entwicklungs-Plan Neoplan 1998

für die Busbahn bis 2005

Viseon Trolleybus für Riad

Ein absoluter Hingucker ist der Viseon LT 20. Die Fahrzeuge für Riad verfügen über drei pneumatische Bode-Türen. Dank der modularen Konstruktion sind verschiedene Türlagen und -konfigurationen darstellbar. >> Fotos: Kirsten Krämer

BRT Van Hool

Für BRT-Systeme hat Van Hool die modulare Busplattform Exquicity geschaffen. Auf dem UITP-Weltkongress zeigte man erstmals ein Frontsegment, welches das moderne Design dokumentiert. Obwohl noch kein fertiges Fahrzeug existiert, liegen bereits aus drei Städten (Barcelona, Metz, Parma) Bestellungen über insgesamt 39 Einheiten vor. In der 23,82 m langen Doppelgelenkausführung weist der Exquicity vorne und hinten nicht nur denselben Überhang von 1,90 m auf, sondern ist auch optisch identisch. Anders sieht es beim 18,61 m langen Gelenkbus aus, hier beträgt der hintere Überhang 3,40 m.

Die Innenraumgestaltung mit indirekt beleuchtetem Deckenmittelteil entspricht dem Zeitgeist.

Neues Busbahn Design

Der Solaris Urbino 18 Metrostyle ist mit verschiedenen Antriebsarten lieferbar, hier eine Ausführung mit Allison-Hybrideinheit. Erste und zwillingsbereifte dritte Achse verfügen über normale Stadtbus-Bereifung, die zweite über Michelin Supersingle der Dimension 455/45 R 22,5. Dadurch kann dort die Durchgangsbreite von den üblichen 625 mm auf 850 mm vergrößert werden.

Crealis Neo

Time is over

Die Kraft eines Unternehmens kommt nicht aus den Zahlen, das Controlling berichtet nur über die Vergangenheit, ein Unternehmer lebt aber von der Umsetzung guter Ideen, heute und in Zukunft.

(Dieter Kemp, Bitkom)

take the Bus.html

Personenwagen, Nutzfahrzeuge Sonderkonstruktionen - 150 Jahre Steyr

DDr. Karl-Heinz Rauscher

Zusammenfassung

Steyr ist eines der bekanntesten Industriezentren Österreichs. Die Basis für die Industriealisierung der Region legte der Steyrer Industrielle Josef Werndl als er die in den Zwanziger Jahren des 19. Jahrunderts gegründete väterliche Manufaktur zu einem der größten Waffenhersteller der Welt ausbaute. Die Eintragung des Unternehmens im Handelsregister des Kreisgerichtes Steyr erfolgte am 16. April 1864, sohin vor 150 Jahren, als Josef Werndl gemeinsam mit seiner Mutter und seinem Bruder den Betrieb in eine Offene Gesellschaft umwandelte.

Der Beitrag beschreibt in weiterer Folge die wechselhafte Entwicklung von einem Waffen- Hersteller zu den ersten Produkten auf Rädern- Fahrräder mit dem ursprünglichen Markennamen Swift, später Waffenrad.

In der Geschichte des Unternehmens werden jedoch schon früh Flugzeugmotoren und bereits ab 1916 auch Automobile produziert. Beschrieben werden die Einflüsse und Arbeiten der bekannten Fahrzeugkonstrukteure Ledwinka und Ferdinand Porsche für das Unternehmen

Das Produktportfolio des Unternehmens entwickelt sich über die Zeit neben der weitergeführten Waffenfertigung von Fahrrädern und Flugzeugmotoren zu PKW, LKW, Omnibussen, Traktoren, Wälzlagern und zahlreichen Sonderkonstruktionen. Wesentlich für die Unternehmensentwicklung im 20. Jahrhundert waren die Auswirkungen der beiden Weltkriege, die im Artikel entsprechend herausgearbeitet werden.

Geklärt wird auch die Konzentration der österreichischen Fahrzeugindustrie zur Steyr-Daimler-Puch AG, die Kooperation im Motorenbereich mit BMW und die Übernahme der Lkw- Sparte durch MAN im Jahr 1989, also vor 25 Jahren. Der Beitrag endet mit der aktuellen Situation des Werkes in Steyr als Fertiger der Leichten und Mittleren MAN Baureihe auf Basis der Euro 6 Motorentechnologie.

Vita
DDr. Karl-Heinz Rauscher

Studium der Rechtswissenschaften und der Betriebswirtschaftslehre an den Universitäten Wien und Linz. Seit 1982 in der Industrie tätig. Wechselt 1990 zu MAN Truck & Bus Österreich AG und ist heute Sprecher des Vorstands und Vorstand für Personal.

Vorstandsmitglied der Industriellenvereinigung Österreich
Lehrbeauftragter an der Fachhochschule Oberösterreich
Verfasser mehrerer Bücher und diverser Publikationen zur Regionalgeschichte von Steyr und zur Geschichte der österreichischen Fahrzeugindustrie.

Personenwagen, Nutzfahrzeuge, Sonderkonstruktionen
150 Jahre Steyr
DDr. Karl-Heinz Rauscher

Die „150 Jahre Steyr" im Titel dieses Artikels referenzieren auf eine Eintragung im Handelsregister des Kreisgerichtes Steyr vom 16. April 1864, als der Industrielle Josef Werndl gemeinsam mit seiner Mutter und seinem Bruder eine Offene Gesellschaft gründete, die sich mit der Erzeugung von Waffen beschäftigen sollte.

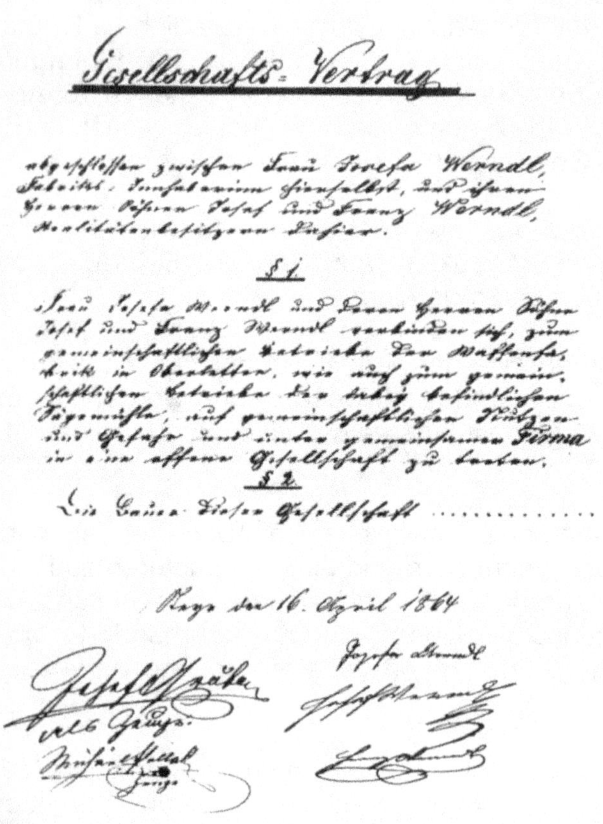

Die Ursprünge dieses Unternehmens lassen sich aber bis in die Zwanziger Jahre des 19. Jahrhunderts zurückverfolgen, als Leopold Werndl, der Vater Josef Werndls, in Steyr und in Letten einem Ortsteil von Sierning eine Manufaktur zur Erzeugung von Gewehren betrieb.[1]

Unter der Leitung Josef Werndls sollte dieses Unternehmen einen gigantischen Aufschwung nehmen. Werndl verfolgte dabei eine dreifache Innovationsstrategie:

Er wollte das Unternehmen von einem bloßen Zulieferbetrieb zu einem Endhersteller weiterentwickeln, gleichzeitig die Fertigung von einem Manufakturbetrieb auf maschinelle Massenerzeugung umstellen und letztlich ein neues Vorderladergewehr entwickeln.[2]

Bild 1:
Gründung der Werndl Gesellschaft 1864

Die große Chance für das Werndl`sche Unternehmen kam durch den preußisch-österreichischen Krieg 1866, der mit der Niederlage Österreichs bei Königgrätz endete. Die Ursache für diese Niedererlage lag vor allem in der überlegen preußischen Waffentechnik. Das moderne preußische Zündnadelgewehr mit Hinterladertechnologie hatte gegenüber dem österreichischen Lorenz-Vorderlader eine dreifache Feuergeschwindigkeit, überdies mussten die preußischen Soldaten zum Nachladen ihre Deckung nicht verlassen, wohingegen die Österreicher zum Laden ihrer Vorderlader aufstehen mussten.[3]

---

[1] Karl-Heinz Rauscher, Der König von Steyr, S. 14f.
[2] Zu den Hintergründen der Strategie Josef Werndls, ebd. S. 128ff.
[3] Helmut Andics, Das österreichische Jahrhundert, S. 217f. und S.229f., Helmut Rumpler, Österreichische Geschichte 1804-1914, S.399. Die Bedeutung der Waffentechnologie für die Schlacht bei Königgrätz stark relativierend: Friedrich Lenger, Industrielle Revolution und Nationalstaatsgründung (1849-1870er Jahre), Gebhardt, Handbuch der deutschen Geschichte, Band 15, 10. Aufl., S.314, Walter Wagner, Die k. (u.) k. Armee - Gliederung und Aufgabenstellung, in: Adam Wandruszka und Peter Urbanitsch (Hg.), Die Habsburgermonarchie 1848-1918, Band V, Die bewaffnete Macht, S. 142 ff., S.315 f. und S. 351.

Bild 2: Josef Werndl 1831 – 1889

Bild 3 : Werndlgewehre

Schon 1867 sollte die nachmalige k.k. Armee auf die neue Hinterladertechnologie umgerüstet werden und die Aufträge dazu erhielt die Firma Josef Werndl für sein gerade neu entwickeltes Gewehr.[4]

Die Stadt Steyr ist über 1000 Jahre alt, ihre erste urkundliche Erwähnung findet sich um 980. Die Stadt führt seit dem Spätmittelalter den Beinamen „Eisenstadt" was auf die jahrhundertelange Tradition Steyrs in der Eisenverarbeitung und im Eisenhandel zurückzuführen ist.

Dieser sozioökonomische Hintergrund bot der expansiven Entwicklung der Waffenfabrik, so wurde das Werndl`sche Unternehmen ab 1869 nach seiner Umwandlung in eine Aktiengesellschaft bezeichnet, einen idealen Nähr-boden.

Nach nur wenigen Jahrzenten war das Unternehmen in Mitte der Achtziger Jahre des 19. Jahrhunderts mit rund 5000 Beschäftigten in den Fabriken in Steyr und Letten zu den weltweit größten Waffenherstellern aufgerückt.

Die Waffennachfrage des 19. Jahrhunderts war allerdings extrem wechselhaft und brachte daher eine stark schwankende Beschäftigungslage mit sich.[5] Schon früh wurde daher nach Produkten gesucht, um diesem volatilen Umfeld entgegen zu wirken.

Damit beginnt die Geschichte des Fahrzeugbaus in Steyr mit der Produktion von Fahrrädern Anfang der Neunziger Jahre des 19. Jahrhunderts.

---

[4] Rauscher, a.a.O., S. 138ff., Wagner, a.a.O. S. 603f.
[5] Rauscher, a.a.O., S. 174 ff. Von 1872 bis 1876 wurde für Aufträge der ungarischen Regierung eine Zweigniederlassung in Pest betrieben, ebd., S. 170.

Bild 4: Swift Fahrräder aus Steyr

Die Fahrräder wurden ursprünglich unter dem Markennamen Swift verkauft, da von der englischen Swift Cycle Company das Know-How erworben worden war, ab 1896 wurden die Fahrräder dann unter der Marke Waffenrad vertrieben.[6]

Bild 5: Maschinengewehr System Schwarzlose

Den nächsten Impuls für die Weiterentwicklung der Waffenfabrik brachte die Rüstungshochkonjunktur unmittelbar vor dem Ersten Weltkrieg.[7]

Von besonderer Bedeutung sollten die 1900 erworbenen Exklusivrechte am Mannlicher-Schönauer Gewehr und das Maschinengewehr System Schwarzlose werden.

Um dieser Nachfrage nach Rüstungsgütern entsprechen zu können, wurde eine komplett neue Fabrik errichtet wurde, die um die Jahresmitte 1914 in Betrieb ging. Damit konnte das Unternehmen vom ungeheuren Kriegsbedarf an Waffen gleich von Anfang an mit deutlich erhöhten Kapazitäten und modernsten Maschinen und Anlagen partizipieren. 1915 begann auch die Produktion von Motoren in Steyr, es handelte sich dabei um 11-ZylinderFlugmotoren, die in Lizenz Gnome und Le-Rhone wurden.[8]

---

[6] Walter Ulreich, Das Steyr-Waffenrad, S. 12ff. und S. 36.
[7] Karl-Heinz Rauscher / Franz Knogler, Das Steyr Baby und seine Verwandten, S. 23f.
[8] Ebd. S. 32ff.

Bild 6: Flugmotoren made in Steyr im Ersten Weltkrieg

1916 wurde beschlossen, die Produktion von Automobilen aufzunehmen. Dazu sollte eine weitere Fabrik südlich anschließend an die 1913/14 errichtete Waffenfabrik errichtet werden. Diese Fabrik hatte auch für heutige Verhältnisse eine durchaus beachtliche Größe, denn ursprünglich waren auf einer Fläche von rund 180.000 m², zehn Hallen geplant, davon die Fahrzeugbauhalle, die mit 57.000 m², eines der größten Bauwerke Österreichs werden sollte.[9]

Das Ende des Ersten Weltkrieges brachte die hochfliegenden Ausbauplanung allerdings rasch zum Erliegen, denn mit Kriegsende brach die Waffennachfrage schlagartig zusammen denn der Friedensvertrag von Saint Germain 1919 verbot Österreich die Produktion von Waffen. So wurden die bestehenden Hallen und Maschinen der Waffenfabrik zur Automobilproduktion umgewidmet, nur drei Hallen wurden zusätzlich errichtet.

Die Hauptlast der Umsetzung des Fahrzeugkonzeptes lag bei Hans Ledwinka, der 1916 von den Tatra Werken nach Steyr abgeworben worden war. Ihm gelang es 1919 in nur dreijähriger Entwicklungsdauer das erste Waffenauto mit der Bezeichnung „Typ II" zur Serienfertigung zu bringen. Das 1920 bei der Prager Automobilausstellung vorgestellte Fahrzeug war mit einem 3325 cm3 Sechszylinder Aggregat ausgestattet, der mit 40 PS eine Höchstgeschwindigkeit von 100 km/h ermöglichte. Vor allem dieser Motor war es, der den Weltruf dieses Fahrzeuges begründete, denn er sollte sich allen Anforderungen gewachsen zeigen und sich vor allem auf Bergstrecken als besonders geeignet herausstellen.[10]

---

[9] Ebd.
[10] Ebd. S. 50ff. Zu den technischen Eigenschaften des Ledwinka Fahrzeuges und seiner Qualität, Wolfgang Schmarbeck, Hans Ledwinka Seine Autos-Sein Leben, S. 40ff.

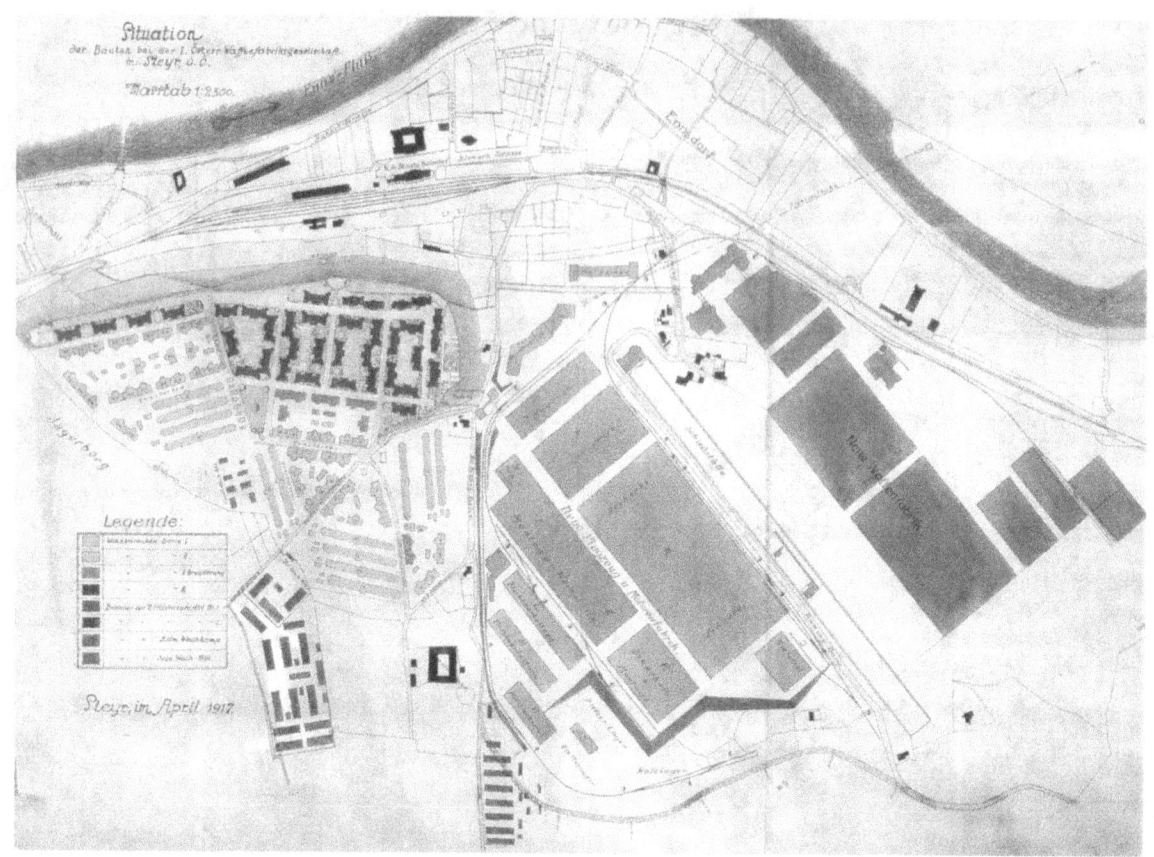

Bild 7: Die 1916 im südwestlichen Werksbereich geplante Automobilfabrik

Die Hauptlast der Umsetzung des Fahrzeugkonzeptes lag bei Hans Ledwinka, der 1916 von den Tatra Werken nach Steyr abgeworben worden war. Ihm gelang es 1919 in nur dreijähriger Entwicklungsdauer das erste Waffenauto mit der Bezeichnung „Typ II" zur Serienfertigung zu bringen. Das 1920 bei der Prager Automobilausstellung vorgestellte Fahrzeug war mit einem 3325 cm3 Sechszylinder Aggregat ausgestattet, der mit 40 PS eine Höchstgeschwindigkeit von 100 km/h ermöglichte. Vor allem dieser Motor war es, der den Weltruf dieses Fahrzeuges begründete, denn er sollte sich allen Anforderungen gewachsen zeigen und sich vor allem auf Bergstrecken als besonders geeignet herausstellen.[11]

Mit dem „Typ II" war der ÖWG auf Anhieb ein großer Wurf gelungen, denn mit diesem Modell hatte das Unternehmen mühelos den Anschluss an die Mitbewerber gefunden. Welche überragende technische Leistung dabei erbracht wurde, wird klar, wenn man sich vor Augen führt, dass vor Ledwinka keinerlei Know-how für eine Fahrzeug- oder Motorenfertigung vorhanden war und mit Ausnahme der Reifen und der Fahrzeugelektrik alle Komponenten neu entwickelt und in Steyr produziert wurden. Zudem musste gleichzeitig die komplette Fahrzeugfertigung neu aufgebaut werden.

Parallel zum Typ II konstruierte Ledwinka auch den ersten Steyr LKW, den „Typ III", der zwei Jahre später auf den Markt kam. Bereits 1919 war der erste Lastkraftwagen als Versuchsfahrzeug zugelassen worden Dieser erste LKW aus Steyr war für 2,5 Tonnen Nutzlast ausgelegt und war mit einem aus dem PKW Motor abgeleiteten Sechszylinder 3,3 Liter Benzinmotor ausgestattet, der eine gebremste Dauerleistung

---

[11] Ebd. S. 50ff. Zu den technischen Eigenschaften des Ledwinka Fahrzeuges und seiner Qualität, Wolfgang Schmarbeck, Hans Ledwinka Seine Autos-Sein Leben, S. 40ff.

Bild 8: Steyr Typ II

Bild 9: Der erste LKW made in Steyr, Typ III - Prototyp

von 34 PS (n=1.700 1/min) erbrachte. Der Typ III wurde u.a. als Feuerwehr-, Kipper- und Tankwagenfahrzeug aufgebaut. Es gab aber auch eine luxuriöse Ausführung als offener Break mit einem über die Karosserie aufspannbare Faltdach. Ein besonderer Vorzug war die relativ große Geschwindigkeit, die offizielle Bezeichnung lautete daher "Steyr-Schnelllastwagen".

Als Spezialausführung mit Auspuffheizung und doppelten Glasfenstern wurde der Typ Mitte der Zwanzigerjahre mit einem Autobusaufbau an die Moskauer Stadtverwaltung verkauft. 1923 gelang ein Exportauftrag nach Shanghai.[12]

Die Produktstrategie sah zu jener Zeit nicht die Herstellung billiger Kleinwagen, ähnlich dem amerikanischen Erfolgsmodell Ford T vor, sondern ging von einer Fertigung qualitativ hochwertiger Luxusfahrzeuge aus. Diese Strategie fußte auf der

---

[12] Karl-Heinz Rauscher / Franz Knogler, LKW aus Steyr, S. 35ff.

Annahme, dass es in den erreichbaren Märkten in absehbarer Zeit keine nennenswerte Käuferschicht für Billig-Pkw geben werde.

Damit erklärt sich auch das intensive Engagement der ÖWG im Rennsport, der als zentrales Marketinginstrument diente. Die Waffenautos erreichten bis Mitte der Zwanziger Jahre beachtliche sportliche Erfolge, etwa 1922 den Sieg bei der legendären Targa Florio oder 1925 beim berüchtigten Klausenrennen. Dafür wurde der Typ II als spezielle Rennwagenversion umgebaut, er erhielt ein verkürztes und tiefer gelegtes Fahrgestell und ein 4,5 Liter Aggregat.[13]

Bild 10: Targa Florio Rennwagen 1923

Bild 11: Fließfertigung in Steyr Mitte der zwanziger Jahre

---

[13] Rauscher/Knogler, Das Steyr Baby und seine Verwandten, S. 62 ff. und S 94 ff.

Als ab Ende 1922 starke amerikanische Automobilexporte nach Europa zu verzeichnen waren, verfielen die Verkaufspreise, die Waffenautos waren nicht mehr konkurrenzfähig. Die Österreichische Waffenfabrik reagierte mit einer dramatischen Drosselung der Fertigung und mit einschneidenden Rationalisierungsmaßnahmen, im Zuge derer 1924 die Fabrik in Steyr als einer der ersten Betriebe Österreichs Fließbandarbeit einführte.

1925 wurde beschlossen, der veränderten Produktstruktur auch in der Firma des Unternehmens Rechnung zu tragen und die Gesellschaft in Steyr Werke AG umzubenennen.[14]

Die Produkte jener Zeit waren im Nutzfahrzeugebereich die Typen "XII N"und "XVII". Der Typ XII N löste 1927 der Typ III ab und war aus den PKW Typ XII abgeleitet und wurde als Standardversion als Pritschenfahrzeug, aber auch als Omnibus, Kasten-, Feuerwehr-, und Krankenwagen aufgebaut. Auch für diesen Typ gelangen beachtliche Exportaufträge etwa in die Sowjetunion. Der ab 1928 produzierte Typ XVII wurde vor allem als Plateauwagen und als Omnibus aufgebaut. Als Plateauwagen konnte er Nutzlast von 3 Tonnen befördern als Omnibus bot er 22 Sitzplätze.[15]

Im PKW Bereich kamen Mitte der Zwanzigerjahre die Typen V, VII und XII auf den Markt. Der Typ XII war ein völlig neu entwickeltes Fahrzeug und war das erste in Fließfertigung hergestellte Automobil. Es verfügte über einen Sechszylindermotor, der mit 1560 cm^3 30 PS leistete. So sollte ein ökonomischer Betrieb ermöglicht werden.[16]

Die Weltwirtschaftskrise traf die Steyr Werke AG mit voller Wucht, denn trotz spürbarer Absatzrückgänge im ersten Halbjahr 1929 wurde die Produktion noch gesteigert. Auch als der Fahrzeugverkauf im Herbst 1929 völlig abriss, wurde die Fertigung zunächst noch unverändert weiter geführt, sodass sich riesige Vorratsbestände aufbauten. Der Bilanzverlust erreichte 1929 bei einem Aktienkapital von 15,12 Mio. Schilling einen Wert von 24,15 Mio. Schilling. Zur Verringerung der ungeheuren Lagerbestände wurde die Fahrzeugproduktion vorübergehend sogar zur Gänze eingestellt, sodass 1930 ganze 12 Fahrzeuge gebaut wurden.

Mindestens ebenso dramatisch wie die Lage der Fahrzeugfabrik war auch die Situation ihrer Hauptaktionärin, der Bodencreditanstalt deren Pleite nur durch eine Übernahme durch eine andere Bank, die Creditanstalt, abgewendet werden konnte.

Die Creditanstalt als neue dominierende Eigentümerin besaß allerdings bereits ein großes Automobilunternehmen, die Austro-Daimler Puch AG mit Werken in Wiener Neustadt und in Graz. Angesichts der dramatisch gesunkenen Auslastung war die Zusammenlegung der Fertigung und die Schließung eines Werkes geplant. Die modernen und großzügigen Anlagen von Steyr gaben den Ausschlag, sodass 1934 beschlossen wurde, die Austro-Daimler Puch Werke AG auf die Steyr Werke AG zu verschmelzen und das Austro-Daimler Werk in Wiener Neustadt stillzulegen. Der Firmenwortlaut wurde auf Steyr-Daimler-Puch AG abgeändert.[17]

Der Eigentümerwechsel forderte auch ein prominentes Opfer - Ferdinand Porsche, der Anfang 1929 technischer Vorstandsdirektor in Steyr geworden war. Tatsächlich gab Porsche aber nur ein kurzes Gastspiel in Steyr, denn bereits im Frühjahr 1930 verließ er die Eisenstadt wieder, als er sich nach der Übernahme der Bodencredit

---

[14] Karl-Heinz Rauscher / Franz Knogler, LKW aus Steyr, S. 46ff.
[15] Ebd., S. 53f.
[16] Rauscher/Knogler Das Steyr Baby und seine Verwandten, S. 88ff.
[17] Ebd. S. 58ff. Zu den Hintergründen bei Austro-Daimler vgl. Martin Pfundner Austro Daimler und Steyr, S. 149ff.

durch die Creditanstalt erneut den Kapitalvertretern gegenüber sah, deretwegen er bereits 1923 seinen damaligen Arbeitgeber, Austro-Daimler, verlassen hatte.[18]

Porsche hatte aber in seiner knapp eineinhalbjährigen Tätigkeit in Steyr zwei wesentliche Entwicklungsimpulse gesetzt. Unter der Verantwortung Porsches wurde der Typ Steyr XXX entwickelt, der mit einer verstärkten Motorisierung, der Sechszylindermotor erbrachte 40 PS, und verkürzter Gesamtlänge. Imposant ist de Gewichtsreduktion durch die Verwendung von Leichtmetall hatte das Fahrzeug ein Gesamtgewicht von lediglich 780 kg.

Bild 12: Typ Austria

Unter der Verantwortung Ferdinand Porsches wurde auch der Typ Austria entwickelt, ein Automobil der absoluten Luxusklasse, von dem allerdings nur drei Einheiten gebaut wurden. Das Fahrzeug verfügte über einen Reihen-Achtzylinder Motor mit einem Volumen von 5300 cm3 für 100 PS. Für jeden Zylinder waren zwei Kerzen vorgehsehn um durch simultane Doppelzündung eine bessre Energieausnutzung zu erreichen, Wegen seiner enormen Größe, der Typ Austria hatte eine Länge von mehr als fünf Meter und eine Breite von 1,765 Meter betrug das Gewicht des Fahrgestells 1,2 Tonnen.[19]

Durch die Schließung des Austro-Daimler Werkes in Wiener Neustadt wurde die Fertigung der Daimler Fertigung nach Steyr übertragen, was für Steyr eine Bereicherung der Fahrzeugpalette vor allem im Bereich der Spezialfahrzeuge basierend auf Allradtechnologie bedeutete.

---

[18] Rauscher/Knogler, Das Steyr Baby und seine Verwandten, S. 120 ff, Karl Ludvigsen, Ferdinand Porsche, Genesis des Genies, S. 451.
[19] Rauscher/Knogler, Das Steyr Baby und seine Verwandten, S. 128 ff., Karl Ludvigsen, Ferdinand Porsche, Genesis des Genies, S. 432ff.

Bild 13: Austro Daimler LKW aus Steyr - Typ ADGZ

Bild 14: Präsentation des Typs Steyr 50 bei der IAA Berlin 1936

In der zweiten Hälfte der Dreißiger Jahre des Zwanzigsten Jahrhunderts schien die Krise der Steyrer Fahrzeugfabrik wenigstens zum Teil überwunden. Wichtigstes Produkt war der komplett neu entwickelte Typ "Steyr 50", der nach einer sehr erfolgreichen Werbekampagne auch "Steyr Baby" genannt wurde. Das wohl berühmteste je in Österreich gebaute Fahrzeug erregte vor allem durch seine fortschrittliche Konzeption auch im Ausland erhebliches Aufsehen.

Es wurde 1936 im Rahmen der Internationalen Automobilausstellung in Berlin vorgestellt und stand in direkter Konkurrenz zum nationalsozialistischen KdF-Volkswagenprojekt, das unter der Führung Ferdinand Porsches stand.

Das nationalsozialistische Propagandaprojekt lag allerdings weit hinter dem Steyr Baby zurück, so waren im Oktober 1936, deutliche nach dem Serienanlauf des Steyr 50, erst die ersten KdF Versuchsfahrzeuge hergestellt.

Der Typ 50 sollte trotz seiner Konzeption als Kleinwagen den Komfort eines Mittelklassewagens bieten. Das Steyr Baby wurde schon kurz nach seinem Entstehen von der austrofaschistischen Regierung zu einem nationalen Prestigevorhaben hochstilisiert, es diente als Symbol für die Überwindung der wirtschaftlichen Probleme aus eigener Kraft in einem selbstständigen Österreich. Die Fahrzeugreihe war auch tatsächlich ein wirtschaftlicher Erfolg und ermöglichte erstmals eine Großserienfertigung, insgesamt wurden von diesem Typ 13.000 Fahrzeuge hergestellt. Aber nicht nur die Geburt des Steyr Babys war politisch relevant, auch sein Ende war politisch determiniert.

Nach dem Anschluss Österreichs musste der prestigeträchtige und erfolgreiche österreichische Kleinwagen, der dem KdF Projekt ernsthafte Konkurrenz zu machen drohte, verschwinden, 1940 wurde die Produktion eingestellt.[20]

Bild 15: Typ 50 – „Steyr Baby"

Bereits unmittelbar nach dem Anschluss Österreichs an das Deutsche Reich beschäftigte sich die nationalsozialistische Wirtschaftsplanung mit der Zukunft der österreichischen Fahrzeugindustrie. Im Bereich der LKW Fertigung sollte eine zunehmende Typenbereinigung bei gleichzeitig großzügigen Auslaufprogrammen erfolgen.[21]

1940 begann in Steyr die Produktion von Flugzeugkabinen, Fahrwerken und Flugmotoren. Im Rahmen der wieder aufgenommenen Militärwaffenfertigung wurde neben der traditionellen Gewehrproduktion vor allem die Herstellung von Maschinenpistolen und Maschinengewehren forciert. Besonders expandierte die Kugellagerfertigung, für die 19... ein eigenes Werk errichtet wurde.[22]

Die Ursachen für die ungeheure Expansion der Steyr-Daimler-Puch AG in der Phase des Nationalsozialismus sind vielschichtig. Politisch bot die Stadt als Hochburg der Sozialdemokratie den Nationalsozialisten die Möglichkeit, sich als Arbeiterpartei zu profilieren. Die Region hatte aber vor allem mit den 1938 vorhandenen tausenden

---

[20] Ebd., S. 186 ff.
[21] Karl-Heinz Rauscher, Steyr im Nationalsozialismus, Industrielle Strukturen, S 81.
[22] Ebd., S. 85.

Arbeitslosen noch entsprechendes Potenzial für die boomende deutsche Rüstungswirtschaft und bot damit den neuen Eigentümern [23] die Chance auf entsprechende Gewinne. Militärstrategisch lagen die Industrieanlagen im luftschutzmäßig sicheren Bereich, zum Investitionszeitpunkt unerreichbar für feindliche Luftschläge.

Bild 16: Flugmotorenprüfstand Steyr

Nicht vergessen werden darf die persönliche Achse, die den damaligen Generaldirektor von Steyr-Daimler-Puch, Dr. Georg Meindl, einen hoch dekorierten SS Führer, mit Hermann Göring verband. Sämtliche Großinvestitionen, wie etwa das Engagement Steyrs in die Flugzeugindustrie oder in die Panzerproduktion waren auf direkte Entscheidungen Görings nach Intervention Meindls zustande gekommen. Als Göring 1944 die Ablöse Speers als Rüstungsminister betrieb, designierte er Meindl zu dessen Nachfolger.[24]

Technikgeschichtlich interessant sind zwei Produkte, die in Steyr in kurzer Zeit entwickelt waren, der leichte LKW Typ 1500 A und der Raupenschlepper Ost. Der 1941 in Produktion gegangene Typ 1500 A mit einer zulässigen Höchstbeladung von 1,6 Tonnen wurde vor allem als Pritschen-, Mannschafts- und Kommandeurwagen aufgebaut. Alleine im Jahr 1943 wurden von diesem Typ knapp 7600 Einheiten gebaut.

---

[23] Bereits 1938 wurde die Beteiligung der Creditanstalt an der Steyr-Daimler-Puch AG an den Reichswerkekonzern Hermann Göring übertragen, 1942 erwarb die Bank der Deutschen Luftfahrt den Steyr-Daimler-Puch Aktienanteil, ebd., S.16, 25 und S. 28.
[24] Albert Speer, Erinnerungen, S. 347 und 567.

Bild 17: Typ 1500 A

Bild 18: Typ Raupenschlepper Ost

Der Raupenschlepper Ost, abgeleitet vom Typ 1500 A, war vor allem für den Einsatz in der Sowjetunion konzipiert.

Die riesigen Investitionen machten Steyr zu einem der wichtigsten Rüstungszentren des nationalsozialistischen Wirtschaftsraumes,[25] was auch den Alliierten nicht verborgen blieb. So kam es 1944 zu vier Luftangriffen, die das Wälzlagerwerk fast zur Gänze zerstörten und die Flugmotoren- sowie die LKW-Fertigung im Hauptwerk schwer beschädigten.[26] Bei den Luftangriffen kamen 240 Menschen ums Leben und 461 Personen wurden verwundet. Die Auswirkungen der Angriffe auf die Produktion waren infolge der bereits Ende 1943 begonnenen Verlagerungen allerdings überraschend gering, so gingen bei der LKW Produktion lediglich etwa drei Monatsproduktionen verloren.[27]

Zu Kriegsende war Steyr eine geteilte Stadt. Die Fahrzeugfabrik liegt östlich der Enns und damit in der sowjetischen Besatzungszone und es kam zu wüsten Demontagen, die erst Ende Juli 1945, als sich die Rote Armee aus Steyr zurückzog, endeten. Da ein Großteil der Fertigungsanlagen die Kriegseinwirkungen in verschiedenen Verlagerungsstandorten unbeschadet überstanden hatte, begann bereits im Herbst 1945 im Auftrag der amerikanischen Militärverwaltung ein provisorischer Reparatur- und Instandsetzungsbetrieb für Jeep-Karosserien und Beute LKW.

Im Oktober 1945 begann die Entwicklung von Dieselmotoren und ein Jahr später die LKW-Produktion. Das erste Nachkriegsfahrzeug, der Typ 370, war aus dem Wehrmachtsfahrzeug 1500A abgeleitet und verfügte noch über einen Benzinmotor. 1948 kam mit der Baureihe 380 die ersten Diesel-LKW auf den Markt.[28]

Bild 19: Der erste Nachkriegs LKW – Typ 370

---

[25] Die Steyr-Daimler-Puch AG stieg 1943 zum viertgrößten LKW Hersteller des Deutschen Reiches auf, bei der Fertigung von Maschinenpistolen war Steyr ab 1941 der größte Produzent und das neue Kugellagerwerk war ab 1942 der drittgrößte Wälzlagerproduktionsstandort des Deutschen Reiches, Rauscher, Steyr im Nationalsozialismus, S. 107 ff. Im etwa 20 km von Steyr entfernten St. Valentin wurde unter der industriellen Führung von Steyr-Daimler-Puch eines der größten Panzerwerke errichtet, ebd., S.100 ff. Zum Panzerwerk vgl. Josef Reisinger, Codename: Spielwarenfabrik.
[26] Rauscher, Steyr im Nationalsozialismus,. S. 55.
[27] Ebd., S. 106 ff. und S. 188f.
[28] Rauscher / Knogler, LKW aus Steyr, S. 104 ff.

1947 wurde die Herstellung von Traktoren begonnen, deren Fertigung bis Anfang der Siebziger Jahre in Steyr erfolgte und danach im Werk St. Valentin, dem ehemaligen Panzerwerk.

Bild 20: Prototyp Steyr Traktor

Eine eigenständige PKW Produktion sollte kurzfristig nicht mehr aufgenommen werden, 1949 begann eine Zusammenarbeit mit Fiat Turin, nach der Fiat PKW in Steyr montiert wurden. Diese Kooperation wurde 1958 beendet, in weiterer Folge wurden nur mehr Komplettfahrzeuge importiert.

Bild 21: Prototyp „U 1" der letzte in Steyr entwickelte PKW

Anfang der Fünfziger Jahre begann unter dem Tarnnamen "U1" die Entwicklung eines neuen Kleinwagens, der die Basis für den späteren "Puch 500" bildete. Dieser Fahrzeugtyp wurde allerdings nicht mehr in Steyr sondern in Graz gebaut.[29]

Den durch die Kriegswirtschaft stark gewachsenen Entwicklungs- und Fertigungskapazitäten stand eine unterproportionale Vertriebsorganisation gegenüber. Dieses Missverhältnis war in den ersten Nachkriegsjahren noch kein spürbarer Nachteil, denn durch den ungeheuren Investitionsbedarf der österreichischen Volkswirtschaft und durch die nahezu hermetische Abschottung des österreichischen Marktes bedurfte es keines effizienten Vertriebsnetzes. Die Fertigungszahlen hielten in den ersten Nachkriegsjahren noch einem Vergleich mit den wichtigsten Mitbewerbern stand, sodass noch keine Fixkostennachteile bestanden. Bedeutendster LKW zu jener Zeit waren die Haubenfahrzeuge des Typs 586.

1964, anlässlich der Hundert Jahr Feier der Steyr-Daimler-Puch AG, waren in den Werken in Steyr mehr als 7.000 Personen beschäftigt und man feierte die Fertigung von 165.000 Traktoren, 42.000 LKW und 150 Millionen Kugellagern.[30] Die jährlichen Produktionsmengen lagen zwar schon weit hinter denen der wichtigsten Mitbewerber zurück, dennoch fokussierte die Verkaufsstrategie unbeirrt den zollmäßig geschützten Inlandsmarkt, die dem bankgeführten Unternehmen, vorderhand noch risikolose Dividenden brachte.
Notwendige Rationalisierungsmaßnahmen und eine systematische Forcierung des Exportes unterblieben weitest-gehend.

Die wichtigsten Fahrzeuge jener Zeit waren die ab 1960 produzierten Frontlenkerfahrzeuge der Baureihen 680, 780 und 880.

Bild 22: Steyr 680

---

[29] Ebd., S. 220ff.
[30] Ebd., S. 100.

Spätestens seit den späten Sechziger Jahren war erkennbar, dass die bisherige Absatzstrategie nicht ausreichte, um die Fahrzeugfertigung langfristig abzusichern. Um höhere Stückzahlen zu erreichen, wurden Joint Venture Projekte in vom internationalen Wettbewerb abgeschotteten Einzelmärkten, etwa in Griechenland oder Nigerien, umgesetzt.

Letztlich konnten aber die Fahrzeugproduktion seit Ende der Siebziger Jahren nur mehr mit zunehmenden Verlusten geführt werden. Mit BMW kam es 1979 zu einer Kooperation im Dieselmotorenbereich, aus der sich die Steyr-Daimler-Puch AG allerdings bereits 1982 zurückzog. Das in diesem Zusammenhang in Steyr errichtete Motorenwerk in dem seit 1983 Dieselmotoren hergestellt werden, besteht bis heute.

Einzelne Exportaktivitäten von Steyr LKW sollten sich zu erfolgreichen langjährigen Kooperationen entwickeln, so etwa die Zusammenarbeit mit dem chinesischen Fahrzeughersteller CNHTC, die in eine langjährige Lizenzfertigung von Steyr LKW mündete.

Trotz einzelner Exporterfolge stiegen in den Achtziger Jahren des vergangenen Jahrhunderts die operativen Verluste der Fahrzeugproduktion in Steyr wegen der nach wie vor geringen Stückzahlen bedeutend an. Jährlich wurden lediglich etwa 3 bis 4000 LKW produziert, sodass sich Steyr-Daimler-Puch entschied, die LKW Sparte zu verkaufen.
Zuerst schien es, als sollte DAF den Zuschlag erhalten, doch dann erwarb MAN im September 1989 die Steyr LKW Sparte. Ein wesentliches Motiv für MAN war die 1986 auf den Markt gebrachte neue Steyr Mittelklasse, die Baureihe 92, deren Fahrerhaus dann auch für MAN Chassis Verwendung finden sollte.

Bild 23: Steyr Mittelklasse Baureihe 92

Das Werk Steyr wurde in den folgenden Jahren systematisch ausgebaut und modernisiert. Aktuell werden in Steyr alle leichten und mittelschweren MAN LKW produziert. Seit 2013 wird unter anderem auch die neue Euro 6 Fahrzeugreihe gefertigt, mit der das Werk in Steyr 2014 das zweite Jahrhundert seiner Geschichte beginnen wird.

Literaturverzeichnis

Helmut Andics, Das österreichische Jahrhundert, Wien,1986
Friedrich Lenger, Industrielle Revolution und Nationalstaatsgründung (1849-1870er Jahre)
Gebhardt, Handbuch der deutschen Geschichte, Band 15, 10. Aufl., Stuttgart 2005
Karl Ludvigsen, Ferdinand Porsche, Genesis des Genies, Cambridge 2008
Martin Pfundner, Austro Daimler und Steyr, Wien u.a., 2007
Karl-Heinz Rauscher, Steyr im Nationalsozialismus, Industrielle Strukturen, Gnas 2004
Karl-Heinz Rauscher, Der König von Steyr, Gnas 2009
Karl-Heinz Rauscher / Franz Knogler, LKW aus Steyr, 2. Aufl., Gnas 2000
Karl-Heinz Rauscher / Franz Knogler, Das Steyr Baby und seine Verwandten, Gnas 2002
Josef Reisinger, Codename: Spielwarenfabrik, Wien 2010
Helmut Rumpler, Österreichische Geschichte 1804-1914, Wien 1997
Wolfgang Schmarbeck, Hans Ledwinka Seine Autos-Sein Leben, Gnas 2007
Albert Speer, Erinnerungen, Berlin 1969
Walter Ulreich, Das Steyr-Waffenrad, Gnas, 1995
Walter Wagner, Die k. (u.) k. Armee - Gliederung und Aufgabenstellung, in: Adam Wandruszka und Peter Urbanitsch (Hg.), Die Habsburgermonarchie 1848-1918, Band V, Die bewaffnete Macht, S. 142 ff, Wien 1987

Transportnachfrage oder Industrieinteresse
Pro und Contra Gigaliner

Dipl.-Ing. Gerhard Grünig

Zusammenfassung

Ausgehend von der Güterverkehrsprognose wird der Straßengüterverkehr in Deutschland bis 2025 um rund 55% gegenüber 2010 zunehmen. Würde er nur 10% seines Frachtaufkommens auf die Bahn verlagern, müsste die Schiene ihre Kapazitäten um 50% aufstocken. Ob die Bahn hierzu in der Lage ist, darf bezweifelt werden, denn in den vergangenen Jahrzehnten sind Güterbahnhöfe und Industrie-Gleisanlagen abgebaut worden.

Um dennoch die Straße soweit wie möglich zu entlasten, sind Lang-LKW im Versuch, die bei unverändertem Gesamtgewicht von 40 t gleiches Ladevolumen mit weniger Fahrleistung und weniger Emissionen transportieren. Bildlich ausgedrückt werden drei heutige Standard-LKW durch zwei Lang-LKW ersetzt, die jeweils um 6,5 m länger sind als herkömmliche Gliederzüge. Auch sinken die Achslasten und damit die Belastung für Straßendecken und Brücken, weil bei Lang-LKW das Gesamtgewicht auf 7 bis 8 Achsen verteilt wird gegenüber 5 Achsen beim Standard-LKW.

Versuchsreihen haben ergeben, dass beim Einsatz von Lang-Lastwagen das Frachtvolumen pro Spedition wächst, Kraftstoffkosten und Emissionen sinken und der Autobahn-Verkehr eher entlastet wird.

Vita
Dipl.-Ing. Gerhard Grünig

Studium der Fahrzeugtechnik (Schwerpunkt Landfahrzeuge) an der FH München, Abschluss als Dipl.-Ing. (FH); Diplomarbeit bei BMW: Numerische Crashsimulation Seitenaufprall BMW E32/E 38 (7er-Baureihe).

Leiter LKW-Test der Zeitschriften Trucker und Verkehrsrundschau;
Buchautor Süddeutscher Verlag (Bibliothek der Technik, München);

Technik-Dozent bei der Straßenverkehrsgenossenschaft (SVG) Hessen für die Bereiche Fahrlehrerausbildung A, BE, CE und DE;

Fahrer-/ Ecotrainer und BkFQG-Ausbilder bei der Fahrschule Fred Müller, Hachenburg.

Foliendokumentation
Dipl.-Ing. Gerhard Grünig, Präsentation Lang-Lkw

Automobil-Kolloquium
Nutzfahrzeuge gestern, heute, morgen

Pro und Contra Lang-LKW

Dipl.-Ing Gerhard Grünig,
Ressort Test & Technik;
VerkehrsRundschau/Trucker

Agenda

- Güterverkehrsprognose
- Fakten zum Lang-LKW
- Die Kombinationen im Test
- Erfahrungen aus dem Zwischenbericht
- Was sind die Nachteile

Güterverkehrsprognose

Güterverkehr in Deutschland bis 2025 (in Mrd. Tonnenkilometer)

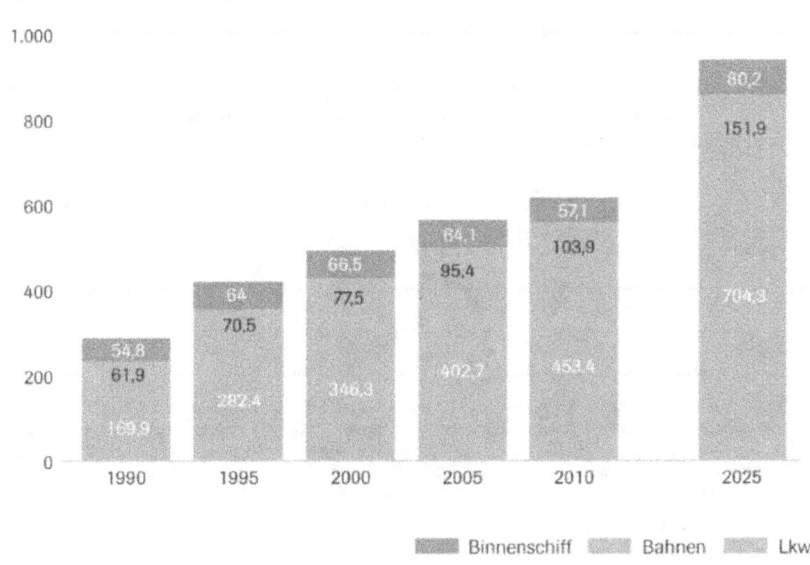

Quelle: BMVBS

Gerhard Grünig, 02.12.2013

Güterverkehrsprognose

- Würde der Straßengüterverkehr rund 10% seines aktuellen Ladungsaufkommens auf die Bahn verlagern, so müsste die Schiene ihre Kapazitäten um etwa 50% erweitern.

- Schafft sie das?

Fakten zum Lang-LKW

- Die 25,25-Meter-Kombination fährt im Versuch mit 40 Tonnen – ebenso wie Standardkombinationen (Sattel: 16,5 m; Gliederzug: 18,75 m); Die von den Medien oft kolportierten 44 Tonnen sind nur im Zuge des kombinierten Verkehrs erlaubt und gelten im gleichen Maße für Standard-LKW wie auch Lang-LKW!

Aus Drei mach Zwei

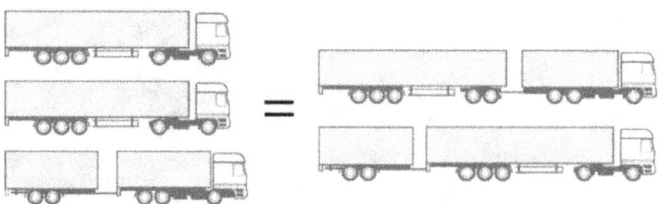

Zwei Lang-Lkw transportieren genauso viel wie drei herkömmliche Lkw-Kombinationen. Das gleiche Volumen wird mit weniger Fahrleistung und weniger Emissionen transportiert. Bei einem Lang-Lkw steigt das Ladevolumen auf rund 160 Kubikmeter gegenüber etwa 115 bei einem Standard-Lkw. Lang-Lkw sparen so rund 20 Prozent Kraftstoff. Das Gesamtgewicht bleibt unverändert bei 40 Tonnen.

Quelle: VDA

- Der „Euro-Kombi" als Kombination vorhandener Komponenten

Der Lang-LKW – 2 mögliche Kombinationen

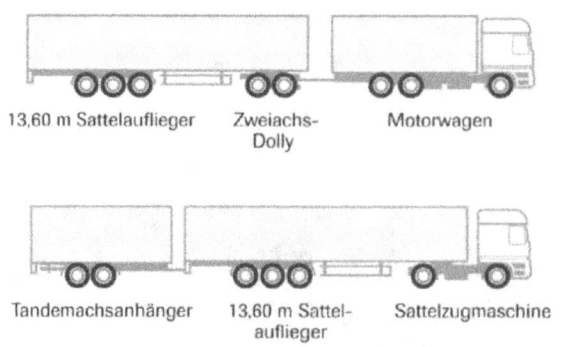

Es gibt zwei mögliche Kombinationen eines Lang-Lkw. Variante eins: Ein Motorwagen mit eigener Ladefläche zieht einen Sattelauflieger. Verbindungsstück zwischen Motorwagen und Sattel-Auflieger ist eine so genannte Dolly-Achse – ein kleiner Untersetzwagen mit zwei gelenkten Achsen. Variante zwei: Eine Sattelzugmaschine zieht einen Sattelauflieger mit Lenk- beziehungsweise Liftachse, an dem ein Tandemachs-Anhänger angekoppelt wird.

Quelle: VDA

Gerhard Grünig, 02.12.2013

Fakten zum Lang-LKW

- **Mit Ausnahme der Antriebsachse sinkt die Achslast um rund 36%**

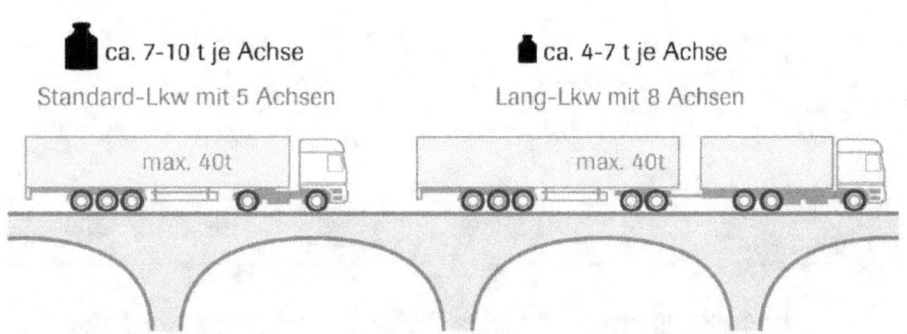

Lang-Lkw belasten die Straßen und Brücken weniger als herkömmliche Lkw. Ihr Gesamtgewicht wird auf mehr Achsen verteilt. Während bei herkömmlichen Lkw das Gewicht von maximal fünf Achsen getragen wird, sind es bei einem Lang-Lkw sieben bis acht Achsen. Ein einzelnes Rad drückt daher mit weniger Last auf die Straße.

Quelle: BASt, FH Erfurt, VDA

Die in der Anfangszeit des Lang-LKW nötigen Lenkachsen werden zunehmend durch intelligente Konstruktionen, wie etwa automatische Achslastanpassungen im Sattelauflieger (durch Balgdruckregulierung) ersetzt. Das führt zu ähnlich guter Kurvengängigkeit bei deutlich niedrigeren Anschaffungs- und Wartungskosten sowie niedrigerem Fahrzeuggewicht.

Einzig das Dolly benötigt eine Lenkachse, was es teuer und schwer macht.

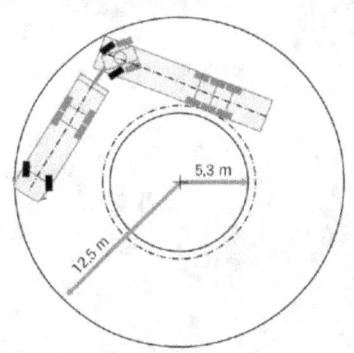

Kurvenlaufeigenschaften von Lkw sind in Deutschland genau definiert: Alle Fahrzeuge müssen den so genannten BO-Kraftkreis exakt einhalten – ein Kreis mit einem Außenradius von 12,5 Metern und einer 7,2 Meter breiten Kreisbahn. Mit gelenkten Achsen meistern Lang-Lkw solche Kreisverkehre anstandslos.

Quelle: VDA

Gerhard Grünig, 02.12.2013

Fakten zum Lang-LKW

Die Theorie der StVO (50 Meter Abstand) sieht anders aus, als die Praxis – mehr Platz benötigt der Lang-LKW aber nie!

Mehr Platz, weniger Staus

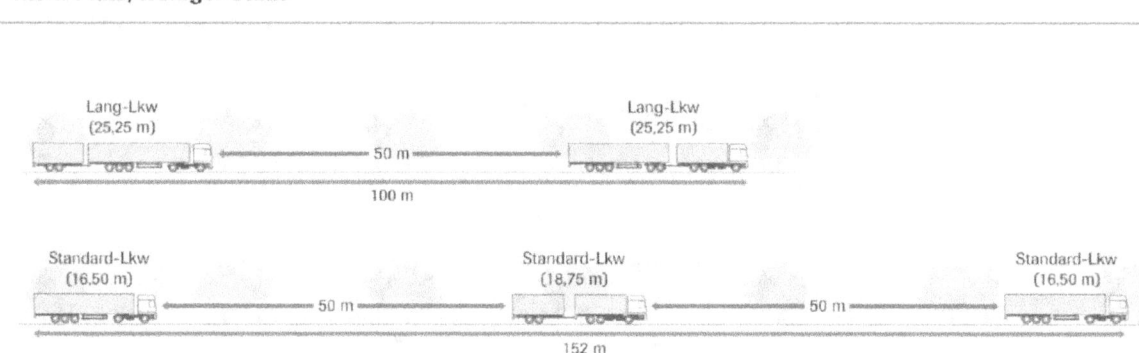

Zwei Lang-Lkw transportieren genauso viel wie drei herkömmliche Lkw-Kombinationen. Um dasselbe Volumen zu transportieren, nehmen drei Standard-Lkw inklusive Sicherheitsabstand 152 Meter auf der Straße ein. Lang-Lkw brauchen nur zwei Drittel davon: es gibt weniger Staus, die Sicherheit auf den Straßen steigt.

Quelle: VDA

Die Kombinationen im Test

Gerhard Grünig, 02.12.2013

Die Kombinationen im Test

- 6x2 + Dolly + SA

4x2 SZM + SA + SA

4x2 SZM + SA + ZA

+ gute Rangierbarkeit
+ sehr stabiles Fahrverhalten
+ gute Kurvengängigkeit
- schwer durch Dolly
- teuer durch Dolly
- Dolly nach Ablauf des Versucher nutzlos

+ höchste Wendigkeit im Test
+ mit einem Sattel optimal für City-Distribution (s. Holland)
+ ideal für Containertransporte
- sehr schwer zu rangieren
- trotz 25,25 Meter keine drei BDF-Brücken möglich

+ problemlos in zwei Standardkombinationen zerlegbar
+ leichter, günstiger und mehr Volumen als die anderen Lösungen
- Nur eine Komponente Kombiverkehrs tauglich
- Leer eingeschränkte Traktion

Was ist ein Dolly

Erfahrungen aus dem Zwischenbericht

- Aktuell nehmen 23 Speditionen mit 43 Kombinationen am Feldversuch teil

- Alle Kombinationen verfügen über:
    - Abstandsregeltempomat
    - Spurhalte-Warnsystem
    - Kamera-System am Heck
    - Elektronisches Bremssystem (EBS)
    - Elektronisches Stabilitätsprogramm
    - Konturmarkierung
    - automatische Achslastüberwachung
    - Differenzialsperre / Antriebsschlupfregelung
    - alle Fahrer wurden speziell geschult

Gerhard Grünig, 02.12.2013

- Wolfgang Thoma, Gfhr. Spedition Ansorge: „Wir wollen keine Mengen von der Schiene auf die Straße verlagern – sondern mit weniger LKW die Kombibahnhöfe bedienen. Die anderen Verkehrsteilnehmer haben uns oftmals gar nicht bemerkt!"

- Friedrich A. Kruse, Gfhr. Kruse int. Sped.: „Die aktuellen Überlegungen, manche Strecken nachträglich zu streichen, erschweren die Planungssicherheit. In bestimmten Bereichen eingesetzt, ist der Lang-LKW eine ideale Ergänzung für einen modernen und ökologischen Fuhrpark auf dem Weg zur grünen Spedition."

- Edeka Handeslgesellschaft Südbayern: „Negative Erfahrungen hat Edeka nicht zu verzeichnen. Wir können durch den Einsatz des Lang-LKW rund 50 Prozent mehr Frachtvolumen bei 30 Prozent weniger Schadstoffausstoß realisieren!"

- Strecko Mühling, Gfhr. Gillhuber Logistik: „Unterm Strich lassen sich mit einem Lang-LKW 20 bis 30 Prozent der Fahrten einsparen. Sollte der Lang-LKW zugelassen werden, würden wir bis zu 15 weitere Kombinationen einsetzen."

Was sind die Nachteile?

- Parkplätze und Speditionshöfe sind auf Lang-Lkw nicht eingerichtet – zwei Kombinationen benötigen drei Plätze

- Sind Parkplätze und Speditionshöfe wirklich ein Nachteil?

Lang-LKW fahren ausschließlich auf Autobahnen zwischen Logistikdrehscheiben. Fahrzeiten sind meist so berechnet, dass keine Pausen nötig sind oder diese am Speditionshof gemacht werden.

Das Problem der engen Speditionshöfe ist kein Problem der Allgemeinheit, sondern des Betreibers. Wer Lang-LKW einsetzen will, muss es für sich lösen.

Die Erfahrung zeigt, dass die Allgemeinheit keine Notiz vom Lang-LKW nimmt – allenfalls durch die aktuell nötige Beschriftung „LANG-LKW". Minimal längere Überholvorgänge durch PKW auf der Autobahn fallen nicht ins Gewicht. Elefantenrennen unterbleiben, weil die Fahrer der meisten Unternehmen angewiesen sind, nicht zu überholen.

Gerhard Grünig, 02.12.2013

Nutzfahrzeuge Design
Gestern – Heute – Morgen
Prof. Wolfgang Kraus

Zusammenfassung

Während der Industrialisierung traten immer wieder Künstler, Architekten und künstlerisch begabte Techniker auf mit der Neigung, technischen Objekten eine Form zu geben. In der Frühzeit der Fahrzeugentwicklung waren Wagen- und Kutschenbauer, also Handwerker, Entwerfer im technischen und künstlerischen Sinne sowie Produzenten in einer Person.

Der Einsatz geschulter Designer für den Automobilbau begann in Deutschland erst in den 1970er Jahren. Die ersten geschulten Designer im Nutzfahrzeugbereich traten in der zeitlichen Reihenfolge bei den Firmen Daimler, KHD und MAN auf.

Der moderne Designprozess von Nutzfahrzeugkarosserien ist heute mit dem Entwurfsprozess der Pkw-Industrie nahezu identisch. Die Abläufe orientieren sich in der Regel am Simultaneous Engineering Prozess, in dem alle am Entwicklungsgeschehen beteiligten Projektabteilungen integriert das neue Produkt bearbeiten. Damit sind die Designer in der Nutzfahrzeug angekommen und heute gleichberechtigte Partner in der Fahrzeugentwicklung.

Mit dem Erfolg der Designer in der Nutzfahrzeugindustrie entstanden auch zahlreiche Studien und Visionen, die in der Öffentlichkeit große Beachtung fanden. Insbesondere die hohe Anzahl an Designlösungen die heute in der Presse und in den Internetauftritten zu sehen sind erwecken den Eindruck, dass in Zukunft die Fahrzeuge fliegen können, oder sie zumindest so aussehen sollten. Die Serientauglichkeit muss aber erst geprüft und mit allen Anforderungen an die Funktion eines Nutzfahrzeugs nachwiesen werden.

Vita
Prof. Dipl. Designer Wolfgang Kraus

Studium Industrial Design, Schwäbisch Gmünd.
Nebenfach Bildhauerei bei Prof. Nuss.
Abschluss Dipl. Designer.

Designer bei Klöckner Humboldt Deutz und bei Neoplan in Stuttgart.
Er kam 1979 als erster "In House Designer" in die Karosserieentwicklung der Firma MAN in München. 1987 gründete Kraus als Chefdesigner die MAN Nutzfahrzeug-Designabteilung in München und war für das Design verantwortlich bis 2000.

Heute Professor für Fahrzeugdesign, Package und Ergonomie an der HAW Hamburg; ehemals Wagenbauschule. Neben der Lehrtätigkeit international als Designer für verschiedene Fahrzeugunternehmen tätig.

Nutzfahrzeuge Design
Gestern – Heute – Morgen
Prof. Wolfgang Kraus

Schwerpunkt der Ausführungen sind Aspekte der Designentwicklung von Lkw in Deutschland

Entwurf, Formgebung und Design

Design ist in der heutigen Sprache ein fest verankerter Begriff. Der Brockhaus führt zum Stichwort Design wie folgt an: „Entwurf, Zeichnung, Muster; besonders der Entwurf von formgerechten Gebrauchsgegenständen. Designer, Formgestalter, Schöpfer von Industrie- und Gebrauchsformen."

Während der Industrialisierung traten immer wieder Künstler, Architekten und künstlerisch begabte Techniker auf mit der Neigung, technischen Objekten eine Form zu geben. Mit der Zunahme der Aufgaben veränderten sich Begriffsbildung und Inhalte. Der Begriff Industrial Design im deutschen Sprachraum ist angeblich vom holländischen Architekten Martin Stam erstmals 1948 verwendet worden /1/.

Heute wird im englischen Sprachraum der Begriff Design für alle konstruktiven Tätigkeiten verwendet. Dort wird der Formgestalter zur Präzisierung seiner Tätigkeit als Stylist bezeichnet. Damit wird seine Tätigkeit im Hinblick auf die gestaltgebende Funktion deutlich. Der Begriff wurde in den 1930er Jahren in den USA hauptsächlich dank Raymond Loewy populär. Er machte das Styling der Stromlinien-Ära zum beherrschenden Thema seiner Arbeiten und formte nicht nur Yachten, Automobile und Lokomotiven stromlinienartig, sondern auch Bleistift-Spitzmaschinen, Toaster, Getränke-Zapfgeräte und Staubsauger.

Vom Handwerker über den Techniker zum Designer

In der Frühzeit der Fahrzeugentwicklung waren Wagen- und Kutschenbauer, also Handwerker, Entwerfer im technischen und künstlerischen Sinne sowie Produzenten in einer Person. Die Anzahl der Personen, die sich ein Fahrzeug leisten konnten, war recht klein, Einzelanfertigungen waren die Regel /2/. Der Kunde ließ sich einen maßgeschneiderten Aufbau von den Wagenbauern entwerfen und bauen.

Die Wagen- und Kutschenbauer waren oft für die Karosserie von Pkw und Nutzfahrzeugen die gleichen Entwerfer und Hersteller. In der Stilistik ist daher gerade in der frühen Phase des Automobilbaus eine ähnliche Formensprache zu erkennen.

Zur Veranschaulichung dienten dem Wagenbauer Entwurfs- und Musterzeichnungen, die dem Kunden zur Entscheidung vorgelegt wurden. Diese Zeichnungen zeigten nicht nur Abmessungen und Lage der technischen Bauteile, sie vermittelten dem Kunden auch Formgebung und Proportionen des Wagenaufbaus.

Bis zum Einsetzen größerer Automobilserien haben Wagen- und Karosseriebauer diese Tradition der Musterzeichnungen weitergeführt.

Der Einsatz geschulter Designer für den Automobilbau begann in Deutschland erst in den 1970er Jahren. Bis dahin waren die führenden Gestalter in den Unternehmen Karosseriebauer mit der Basis einer technischen Ausbildung. Zur Ausbildung des Karosseriebauers gehörte immer die Erstellung von künstlerisch beeinflussten Angebots- und Musterzeichnungen. Erst mit den Einflüssen aus den USA und der dort weit verbreiteten Zeichentechnik der Stilisten, dem Rendering, zogen sich die Karosseriebauer auf den mehr technisch orientierten Arbeitsbereich zurück. Als Folge des größeren Wettbewerbdrucks und den immer komplexer werdenden Ansprüchen an Technik und Gestaltung kam es dann zur Arbeitsteilung zwischen Formgebung und technischer Entwicklung.

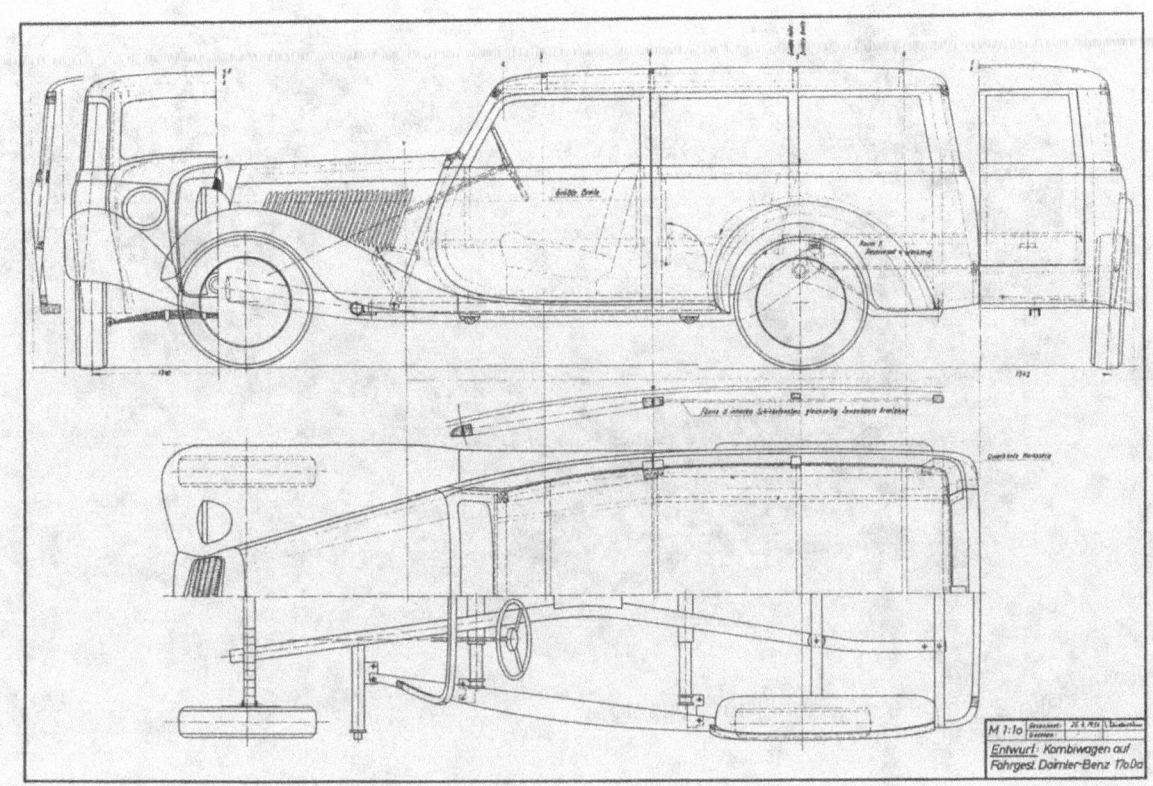

Bild 1: Musterzeichnung
Quelle: Archiv Wagenbauschule Hamburg

Einflüsse oder auch die Zusammenarbeit mit Künstlern gab es aber von Anfang an. Bekannte Beispiele sind Ernst Neumann-Neander und Walter Gropius, Mitbegründer des Bauhauses. Während Neumann-Neanders Beiträge zur ‚Architektur der Kurven' von Karosseriebaufirmen übernommen wurden, fand die statische Formensprache von Gropius keinen Gefallen /2/.

Designer lösen die Techniker ab

Im selben Jahr wie Locomobile und White in den USA, die 1914 erstmals Designer eingestellt hatten, erteilte Nutzfahrzeughersteller Heinrich Büssing dem Graphiker und Plakatkünstler Ernst Neumann-Neander den Auftrag, Lastwagen neu zu gestalten. Einige Stilelemente wie Kühler, Kühlerabschlussblech mit Firmenschriftzug und Motorhaube gingen in die Serie ein, das noch offene Fahrerhaus und die Stahlpritsche, beide würfelförmig, wurden wohl nur wenige Male umgesetzt. Charakteristisch waren die Rauten an den Haubenseitenblechen, Erkennungsmerkmal der folgenden Büssing-Lastwagen und der von Neumann-Neander gezeichneten Personenwagen.

Im selben Jahr, 1914, zeichnete Neumann-Neander einen Reisewagen, den Schebera baute und dessen Formgebung der allgemeinen Busentwicklung um Jahre voraus war. Mit den Büssing-Aufträgen hatte die Nutzfahrzeugindustrie den weltweit wohl ersten Designauftrag an einen externen Formgestalter erteilt.

Bild 2: Neumann Neander für Büssing
Quelle: Archiv Eckermann

So wie im Beispiel von Neander beschrieben erging es bis in die 60-er Jahren externen Künstlern und freiberuflichen Gestaltern, die vorwiegend nach Abschluss der in den Unternehmen erstellten Entwürfen Karosserien nachbearbeitet haben. Oft ist nur die Kühlergestaltung als ein Element in die Serie eingeflossen.

Den Übergang von Wagenbauern und Karosseriebauern zu geschulten Designern soll nachstehend an der Entwicklung von drei deutschen Unternehmen in einer kurzen Vorstellung aufgezeigt werden.

Daimler Benz

Die erste „in house" Designabteilung entstand bei Mercedes Benz in den 50-er Jahren. Wichtige Personen waren Ahrens, Häcker und Wilfert. Die Trennung von Pkw und NFZ erfolgte 1960 /4/.

Ab ca. 1950 bis 1973 war einer der prägenden Karosserieentwickler für Nutzfahrzeuge Hermann Ahrens. Er war für den ersten Unimog, diverse Lkw und Omnibusse verantwortlich.

Die Gestalter der Fahrzeuge waren überwiegend Karosseriebauer. Auch begabte technische Zeichner und Modelleure erledigten die Gestaltungsarbeit.

1958 kam Bruno Sacco und 1965 Joseph Gallitzendörfer als geschulte Gestalter zu Daimler Benz. Gallitzendörfer verließ als Bereichsleiter für Pkw und NFZ das Unternehmen. Es waren Sacco und Gallitzendörfer die alle Designaktivitäten in einen eigenen Design- Bereich integrierten und eine moderne Abteilungs-Struktur schufen. Nutzfahrzeugdesign war jetzt eine wichtige und gleichberechtigte Abteilung neben dem Pkw-Design und weiteren Designthemen.

1989 übernahm Gerhard Honer unter der Leitung von Gallitzendörfer die nun eigenständig geführte Nutzfahrzeug-Designabteilung. Seit 2011 ist Kai Sieber Leiter der Nutzfahrzeug Designabteilung.

Magirus – IVECO Designcenter

Magirus hatte im Gegensatz zu anderen NFZ Herstellern schon immer eine eigenständige Karosseriefertigung und –entwicklung. Die Gestaltung wurde wie damals üblich von den Karosseriebauer selbst erledigt.

In den 60-er Jahren wurde Lepoix als ext. Gestalter zur „Nachbesserung" der Entwürfe beauftragt.

Anfang 1970 beginnt der Aufbau einer KHD Designabteilung durch Leonhard Schmude in Köln für Traktoren. Designer in der Abteilung waren Luan Peter Hasnay, Wolfgang Eberhagen und Horst Emundts. Diese Abteilung wechselte 1995/96 nach Ulm und begründete das IVECO Designcenter.

Mit zunehmender Verschmelzung der Marke Magirus mit IVECO wurden die Designaktivitäten sukzessive nach Turin verlegt. Leonhard Schmude ging Anfang 1990 in den Ruhestand und Ian Cameron verließ zur gleichen Zeit als letzter Designer das Unternehmen in Richtung BMW. Die Abteilung wird nun endgültig geschlossen.

MAN

Von ca.1928 bis ca.1986 hatte die Firma MAN eine für den Brücken- und Stahlbau verantwortliche Architekturabteilung, die sich Ende der 70-er Jahre in Architektur & Design umbenannte. Sie war dem Stahlbau in Mainz zugeordnet. Sie agierte im Stile einer extern beratenden Abteilung für alle Unternehmensbereiche des damaligen GHH (Gute Hoffnungshütte) Mischkonzerns.

Ab 1967 kooperierte MAN mit Saviem. Diese entwickelten und bauten die Fahrerhäuser. Die Presswerkzeuge übernahm die Firma AVIA. MAN baute das F8 Fhs. bis 1986. Die Karosserieentwicklung wurde von Konstrukteuren der Firma Saviem übernommen.

Mit der Eigenentwicklung F90/ M90 kam 1979 der erste geschulte Industrial Designer (Kraus) in die Karosserieabteilung nach München. Es war der Karosseriebauer Herbert John, der von BMW zu MAN kam und auf eine integrierte Designarbeit in der Karosserieentwicklung bestand. Er setzte die Einstellung von Kraus gegen den Widerstand der eigenen Kollegen durch.

Eine in die technische Entwicklung integrierte Nutzfahrzeug-Designabteilung mit eigenem Etat und erweiterten Personalstand in München, wurde 1987 von Kraus gegründet und bis 2000 verantwortet. Die neue Designabteilung ist nun verantwortlich für Design, Package, Ergonomie und Modellbau

Der technische Vorstand in der neu firmierten MAN Nutzfahrzeuge AG Dr. Klaus Schubert setzte im Vorstand die Gründung durch. Die neu geschaffene Designabteilung war hierachisch direkt dem Vorstand unterstellt und damit auf „Augenhöhe" mit allen technischen Abteilungen der Nutzfahrzeuge Entwicklung. Die Integration des Designs in die Abläufe und Prozesse der Fahrzeugentwicklung war neben der Hauptaufgabe der Gestaltung aller MAN Fahrzeuge ein schwieriges Unterfangen. War doch das Unternehmen bisher ausschließlich von Technikern und

Ingenieuren geprägt, die gewohnt waren alle Entscheidungen alleine zu treffen. Nun mussten die Arbeiten mit dem Design abgestimmt und koordiniert werden.

Kraus verließ MAN um als Professor in Hamburg an der ehemaligen Wagenbauschule zu lehren. Die Designaktivitäten wurden jetzt in zwei Bereiche für Lkw- und Busdesign aufgeteilt. Durch den Verkauf des Unternehmensbereichs Schienenfahrzeuge in Nürnberg wurden die Designarbeiten für diese Produkte eingestellt.

Heute ist Holger Koos Leiter der Lkw Designabteilung, Stefan Schönherr verantwortet Busdesign.

Die Fahrzeugform

Den ersten Lkw baut Gottlieb Daimler 1896. Er nimmt noch formale Anleihen der motorisierten Kutsche auf. Er ist von seiner Bauform ein Frontlenker, hat einen ebenen Kabinenboden und besitzt eine offene Ladepritsche als Nutzaufbau. Der Motor ist Unterflur angeordnet. Merkmale die heute bei modernen Fahrzeugen üblich sind. Daimler liefert ihn nach London. Und noch 1923, drei Jahre vor der Fusion der beiden Unternehmen Daimler und Benz, entwickeln sie unabhängig voneinander ihre ersten Lastwagen mit Dieselmotor /5/.

Bild 3: Erster Lkw
Quelle: Daimler Global Media Site

Diese Bauart wurde jedoch rasch in die Bauform Haubenwagen geändert. Die Vorteile waren die bessere Zugänglichkeit zu allen Aggregaten bei Wartung und Reparatur. Diese Bauart hat sich bis in die 60-er Jahre gehalten.

Die Formensprache von Lkw war damit früh gefunden. Sie besteht aus dem
Rolling Chassis, der Karosserie mit Motorhaube Fahrerhaus und dem Nutzlast tragenden Aufbau

Diese Bauform ist für die vielfältigen Aufbauarten und den individuellen Wünschen der Kunden an einen Nutzaufbau geeignet. Flexibilität & Vielfalt ist damit ein Kennzeichen der Lkw von Anfang an.

Bild 4: Lkw Aufbauvarianten
Quelle: Daimler Global Media Site, bearbeitet Kraus

In der Mitte der 50-er Jahre wurden gesetzlichen Bestimmungen für die Lkw-Fahrzeuglängen erheblich verschärft. Der Motor wanderte zur Ausschöpfung der Aufbaulängen als Kurzhauberbauform in Richtung Fahrerhaus mit teilweiser Intrusion in die Kabine. Dies reichte nicht aus und die Motoren wanderten unter die Kabine häufig mit einer Motorhaube im Interior. Der Frontlenker wurde zur Standardbauart von Lkw.

Die Kurzhauberform bestand jedoch noch eine Reihe von Jahren weiter. Sie eignete sich vorzüglich für hohe Lasten auf der Hinterachse im Baustellenverkehr. Hier spielte die Fahrzeuggesamtlänge eine untergeordnete Rolle. Der Haubenwagen der Fa. MAN entstand 1952 und wurde bis Mitte der 90-er Jahre gebaut. Hier vorwiegend für Baustelleneinsätze.

Mit Änderungen in der Achslastverteilung insbesondere der Vorderachslasten konnte der Vorteil für Baustellenfahrzeuge konstruktiv nicht mehr realisiert werden. Die geringen Stückzahlen machten diese Bauart dann vollends unrentabel.

Haubenwagen sind z.B. In den USA als Folge anderer Gesetze für Fahrzeuglängen und Achslasten bis heute eine gängige Bauart. Europäische Hersteller fertigen oft aus Kostengründen Haubenwagenkarosserien für USA, Afrika und Südamerika aus Fahrerhäusern von Frontlenkern. Die Motorhaube wird dem Frontlenkerfahrerhaus an Stelle einer Frontklappe mit Anschlussteilen vorgesetzt.

Bild 5: Haubenwagen Daimler Benz / Brasilien
Quelle: Daimler Global Media Site

Die Hanomag war eines der ersten Unternehmen, das LKW in Frontlenker-Bauweise mit Unterflur-Dieselmotor entwickelte und herstellte. Die Technik war zukunftsweisend – der HL-Lastwagen war mit einem liegenden 4-Zylinder-Dieselmotor mit 5,2 Litern Hubraum und 60 PS ausgestattet (D 52 L). Übersichtlichkeit, Bequemlichkeit für den Fahrzeugführer und eine hohe Wartungsfreundlichkeit kennzeichnen die Konstruktion. Es war der bekannte Fahrzeugentwickler Arendt der diesen Lkw mit liegendem Unterflur-Dieselmotor, den Typ HL 3,5-4 entwickelte und auf der IAA 1933 in Berlin präsentierte. Bei Hanomag wurden bis 1934 ca. 90 Exemplaren als Lkw und Omnibus mit einem 60-PS-Dieselmotor hergestellt /7/.

Die Frontlenkerbauart war zu Beginn umstritten. Es war nach dem 2. Weltkrieg die Fa. Magirus die 1955 einen Frontlenker- Prototyp auf der IAA in Frankfurt vorstellte. Erst mit der kippbaren Kabine hat sich diese Bauform als die heute noch gültige Bauform in Europa durchgesetzt.

Der Lkw L4751 Raske TIPTOP von Volvo war 1965 der erste europäische Serien- Lkw mit kippbarer Kabine. In Deutschland war es die Firma Krupp die 1965 einen Frontlenker mit Kippeinrichtung in Serie baute. Mercedes-Benz, MAN, Henschel und Faun folgten ein Jahr später (WIKI). Besonders Mercedes hielt aus technischen Gründen bis 1984 an feststehenden Kabinen fest (6).

Zur Realisierung eines ebenen Fahrerhausbodens und zur besseren Zugänglichkeit entwickelten einige Hersteller seitlich am Rahmen und hinter der Kabine liegende sog. Unterflurmotoren. Der bekannteste Hersteller dieser Bauweise war die Fa. Büssing. MAN die 1972 Büssing übernahm baute dieses Produkt bis in die 90-er Jahre. Die rückläufigen Stückzahlen und im Zuge der TG-A Neuentwicklung wurde diese Bauart endgültig aus dem Programm gestrichen.

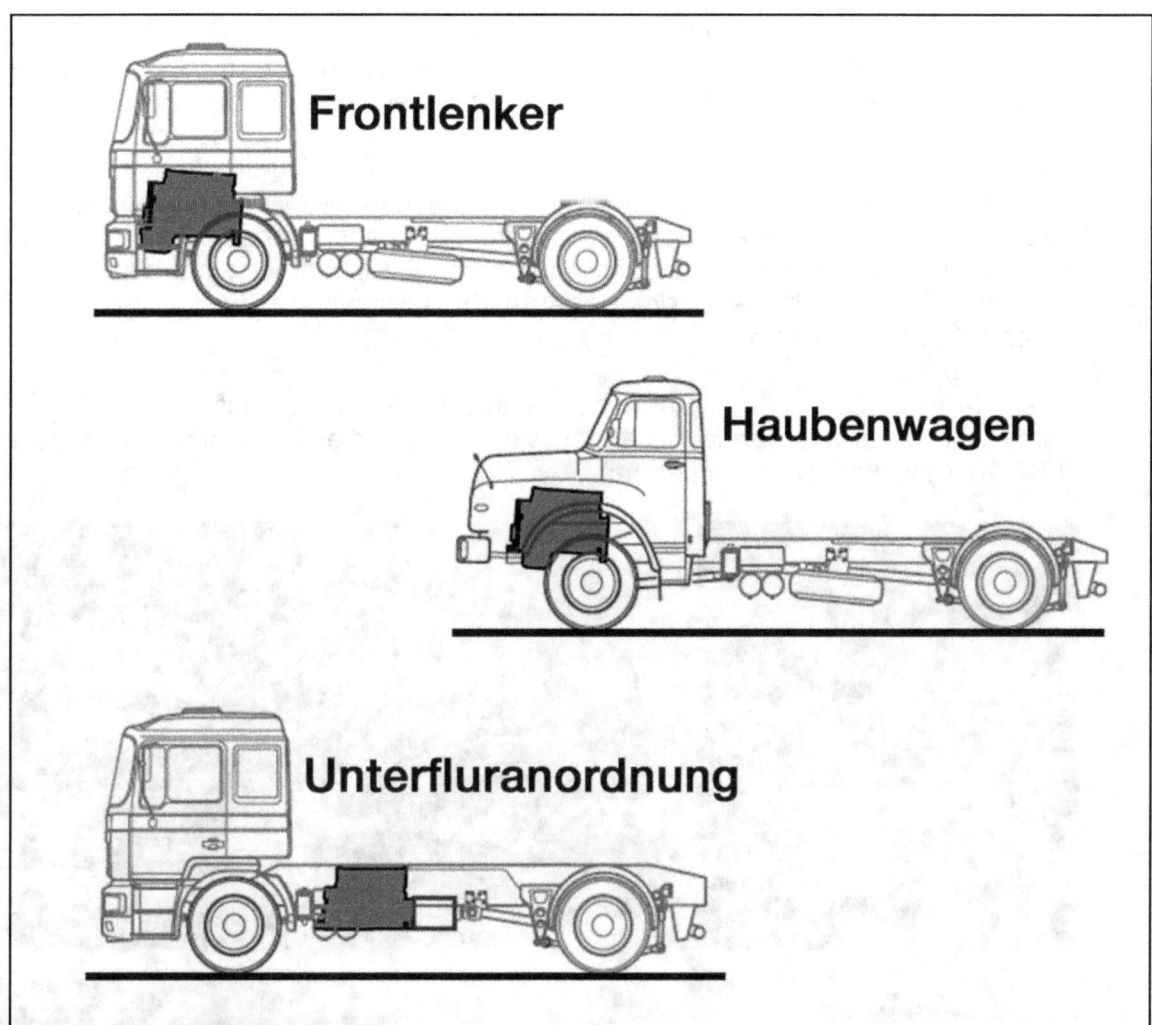

Bild 6: Motoranordnungen
Quelle: MAN, bearbeitet Kraus

Aspekte der Karosserieentwicklung ab ca.1960

Nachstehende Aspekte können als wichtige Einflüsse auf die Karosserie- und Designentwicklung benannt werden.

- für eine Karosserie in Schalenbauweise zu niedrige Produktionszahlen
- steigende Komfortansprüche der Kunden.
- zunehmende Verkehrsaufgaben / Fahrerhausvarianten
- wachsende Komfortansprüche an den Innenraumkomfort
- Automatisierung der Produktion
- Veränderungen bei Gesetzen, Vorschriften und Empfehlungen
- Zunahme des Wettbewerbdrucks

Entwicklung der Produktionszahlen am Beispiel der MAN NFZ AG

1950: 1.410 Fahrzeuge (Lkw & Busse)
1960: 10.633 Fahrzeuge (Lkw & Busse)
1995: 37.500 Fahrzeuge, davon 25.000 schwere & mittlere Klasse
2005: 68.739 Lkw in allen Klassen
2012: 74680 Lkw, 5286 Busse und 8664 Einbaumotoren (MAN Truck & Bus)/8/

Karosserien für Lkw müssen aus Fertigungs- und Gewichtsgründen in Schalenbauweise hergestellt werden. Für diese Bauweise sind die Stückzahlen jedoch zu niedrig um kostengünstig zu fertigen. Verursacht durch die hohen Einrichtungskosten für die Karosserien und die Fertigungseinrichtungen. Die Karosserien müssen daher auf Produktzyklen von 15 bis 20 Jahre ausgelegt werden.

Dies führt in der Designentwicklung zu einer Formensprache die sich deutlich von modischen Erscheinungen absetzen muss. Diese Maßnahme reicht heute nicht mehr aus und es werden heute in der Regel mind. 3 Facelifts entwickelt bis es zu einer neuen Modellreihe kommt.

Beispiele sind die MAN TG Baureihe die ihre letzte Produktaufwertung 2012 erfuhr. Damit wird die Baureihe einen Lebenszyklus von der ersten Präsentation gerechnet (TGA 2000) von ca.17 Jahren haben.

Bild 7: MAN & Daimler Facelift
Quellen: MAN & Archiv Kraus, Daimler Global Media Site

Die erste Daimler Actros- Baureihe hatte aus gleichen Gründen einen Lebenszyklus von 17 Jahren (1994 – 2011).

Um die steigenden Komfortansprüche der Kunden und der damit verbundenen Zunahme von Varianten abzudecken, ist eine Entwicklung von Modulbaukästen für die Karosserie zwingend erforderlich. In der Entwicklung der Fahrerhaus Varianten wird dieser Aspekt deutlich.

Entwicklung der Fahrerhausvarianten am Beispiel der MAN Fahrerhausentwicklung

1.
Das gemeinsam mit SAVIEM (1967 – 1986) entwickelte Fahrerhaus F7-F9 besaß 2 Fahrerhauslängen, eine Fahrerhausbreite und eine Dachhöhe.

2.
Die Baureihe F90/ M90 (1986 bis 1994) gab es in 2 Längen und in 2 Breiten. Der F2000 (1994 bis 2004) erhielt später zusätzlich eine Hochdachversion. Der Rohbau für die Baureihen wurden aus dem gleichen Baukasten gefertigt.

3.
Mit der Entwicklung der TG- Baureihe (ab 2000) entstand ein Modulbaukasten für drei Fahrgestellbaureihen und hatte einen Karosseriebaukasten mit:
2 Fahrerhausbreiten
3 Fahrerhauslängen
7 Dachvarianten.

Bild 8: MAN Fahrerhausvarianten über die Zeitachse
Quelle: MAN & Archiv Kraus

Mit dem Modulbaukasten der TG-A Baureihe können alle Anforderungen der Kunden nach kleinen leichten Fahrzeugen für den Verteilerverkehr ebenso bedient werden, wie Fernverkehrsfahrzeuge mit komfortablen Großraumkabinen.

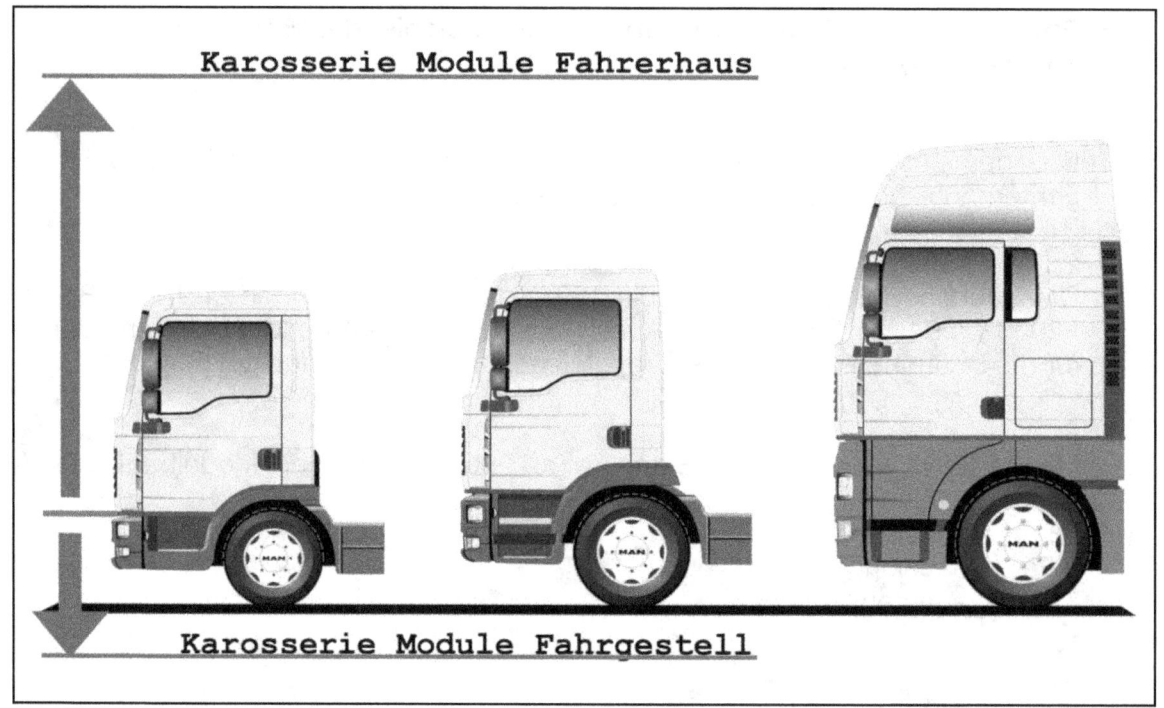

Bild 9: MAN Module
Quelle: MAN & Archiv Kraus

Visionen im Lkw-Bau

Visionen von Nutzfahrzeugen gab es von Anfang an. Es lassen sich zwei grundsätzlich unterschiedliche Arten unterscheiden. Visionen die sich aus technischen Verbesserungen und Erfindungen speisen. Visionen die Aufmerksamkeit erzeugen sollen und mit ungewöhnlichen Design für die Öffentlichkeit werbewirksam gestaltet werden.

Bild 10: GM Future Liner, Promotion Trucks
Quelle: General Motors

Es war Neumann Neander der bei Büssing als erster Designer den Auftrag erhielt mit allen Traditionen brechend Lkw und Busgestaltung zu erneuern. In den USA war es das Unternehmen GM, die im Stile der „Streamline- Decade" 1939 den Futureliner schuf. Die erste Vision eines Lkw der als wichtigste Aufgabe die Werbewirksamkeit des Entwurfs in den Vordergrund stellte.

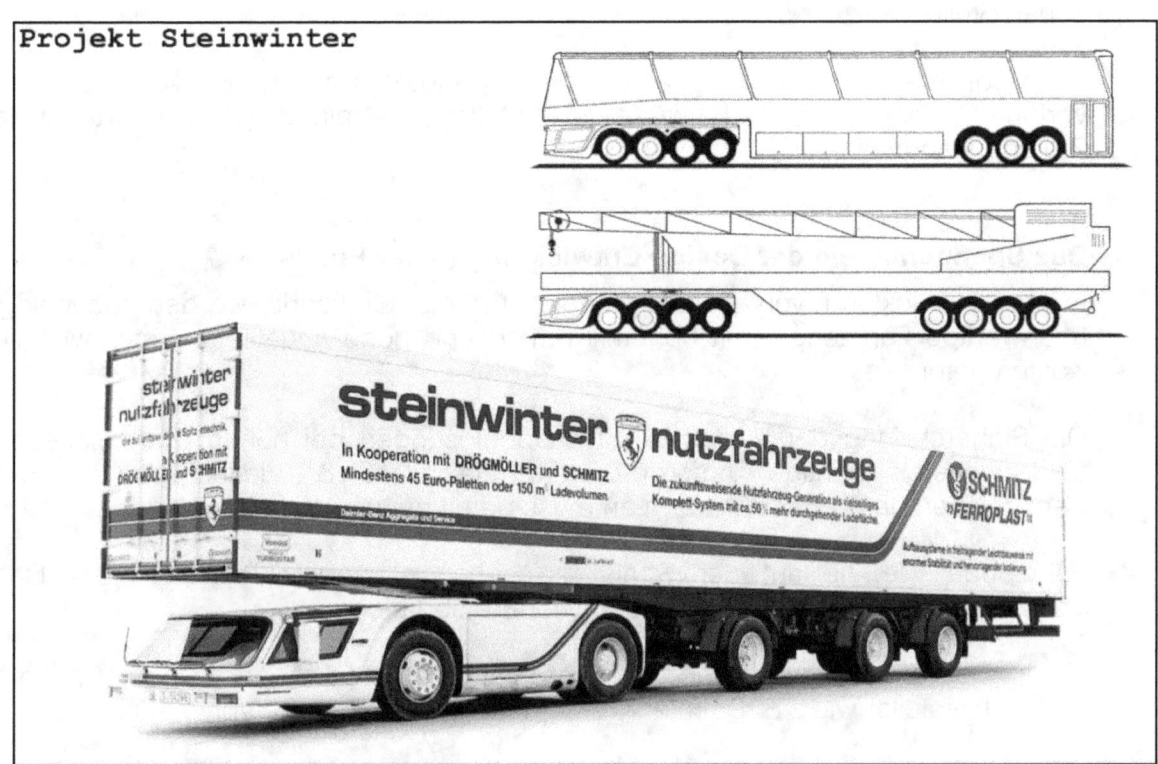

Bild 11: Studie der Fa. Steinwinter
Quelle: Fa. Steinwinter, bearbeitet Kraus

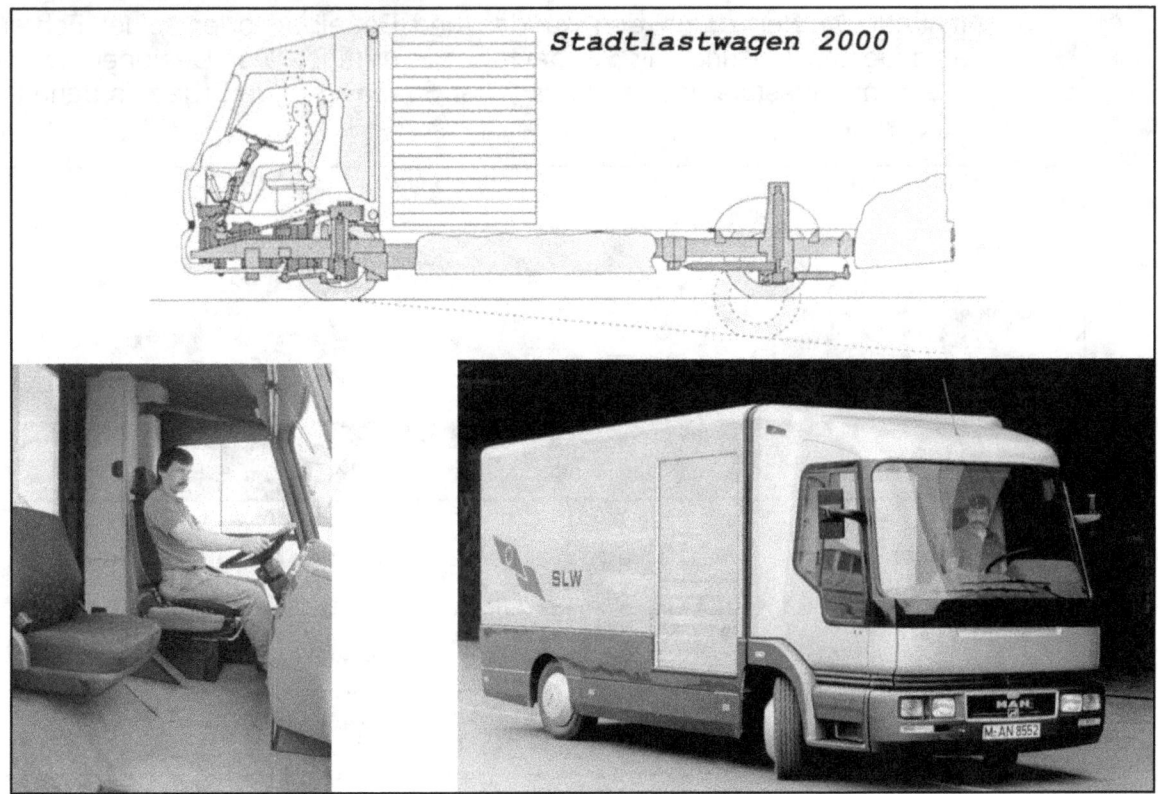

Bild 12: Stadtlastwagen 2000, Studie für den Verteilerverkehr
Quelle: MAN

Heute ist die Gestaltung von Designvisionen eine selbstverständliche Aufgabe der NFZ Designer. Mit der Entdeckung des Nutzfahrzeugs durch junge Designstudenten seit den 80-er Jahren nehmen die Vorschläge für dieses Genre massenhaft zu. Die Verbreitung durch das Internet, Designwettbewerbe (VDA) und der Arbeit von NFZ Designer an den Designhochschulen geben dem Design von NFZ inzwischen einen hohen Stellenwert.

Die Möglichkeit der neuen digitalen Werkzeuge fotorealistische Entwürfe zu erzeugen verführen viele Designer Entwürfe vorzustellen, die allerdings keiner technischen Prüfung standhalten.

Das Spannungsfeld der Design Entwicklung in der Praxis

In der Entwicklung von Nutzfahrzeugen für die Großserie werden technologisch hochwertige Fahrzeuge, mit hohem Komfort und hoher Qualität zu erschwinglichen Kosten gefordert.

Die Sicherstellung der Vielfalt der Transportlösungen bei hohem Karosseriekomfort sind weitere wichtige Anforderungen. Flexibilität & Vielfalt das besondere Kennzeichen der Lkw von Anfang an muss damit gewährleistet bleiben.

Fahrzeuge wie sie auf der Straße zu sehen sind durchlaufen in der Design-Verantwortung in der Regel drei Verantwortungsbereiche.

1. Das „Zugfahrzeug" und das Fahrerhaus verantwortet der Designer beim NFZ-Hersteller wie z.B. Daimler, MAN, IVECO, DAF, Scania, Volvo etc..

2. Der Nutzlast tragende Aufbau wird vom Kunden bestimmt und in der Regel von der mittelständisch geprägten Aufbauindustrie hergestellt.

3. Am Ende werden durch den Kunden und Betreiber, oder seiner Fahrer das Fahrzeug lackiert und mit Sonderzubehör ergänzt. Der Designer der ersten Verantwortungsstufe hat auf das auf der Straße rollende Ergebnis dann keinen Einfluss mehr.

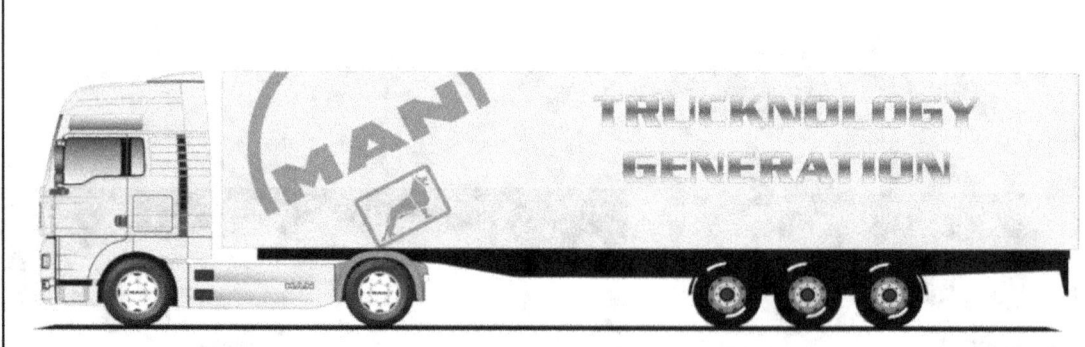

Bild 13: Designverantwortung Gesamtfahrzeug
Quelle: Archiv Kraus

Schwerpunkt in der Designentwicklung ist die Karosserie

Die Zielvorgaben für die Gestaltung lauten:
- Entwurf hochwertiger Fahrzeuge
- Wirtschaftliche Herstellung und Renditeziele des Unternehmens
- Berücksichtigung der Corporate Identity des Herstellers
- Markt Anforderungen der Kunden
- Hohe Sicherheit, optimierte Ergonomie und hoher Fahrerhauskomfort
- Berücksichtigung aller Einsatzspektren mit möglichst individuellen Lösungen
- Ausstattungen entsprechend dem Einsatzzweck - Variantenbildung
- Fahrzeugpackage für leichte, mittlere und schwere Baureihe berücksichtigen
- Niedrige Leergewichte des Gesamtfahrzeugs und der Karosserie
- Einhaltung von Gesetzen, Vorschriften und Empfehlungen

usw.

Bild 14: Einsatzspektren Lkw
Quelle: Archiv Kraus, MAN

Der Designprozess

Der moderne Designprozess von Nutzfahrzeugkarosserien ist mit dem Entwurfsprozess der Pkw-Industrie nahezu identisch. Die Abläufe orientieren sich in der Regel am Simultaneous Engineering Prozess, in dem alle am Entwicklungsgeschehen beteiligten Projektabteilungen integriert das neue Produkt bearbeiten.

Vor der eigentlichen Gestaltungphase werden von der Geschäftsleitung die Entwicklungsziele und Vorgaben entwickelt.

Die Vorgaben werden in einem Designbriefing oder Lastenheft fixiert. In einer Vorentwicklungsstufe werden das Konzeptpackage, das Modul- und das Baukastenkonzept für alle Einsatzspektren des Fahrzeugs definiert. Wichtig erscheint immer die Abschätzung der Entwicklung der gesetzlichen Vorgaben für die angestrebten Zielmärkte zum Zeitpunkt des Produktstarts.

Der Designprozess für Exterieur und Interieur hat vereinfacht dargestellt folgende Meilensteine :

- Formthema mit Skizzen und Renderings entwickeln
- Erste Modelle im Maßstab und digital
- Aerodynamik Untersuchungen an Hand der ersten Entwürfe
- Ausarbeitung der Modelle im Originalmaßstab
- Modelle mit Konstruktion im Detail abstimmen
- Präsentation und Verabschiedung durch die Entscheidungsträger
- Product-Clinic Studien (Beurteilungsverfahren durch das Marketing)
- Designfreeze (Designabschluss)

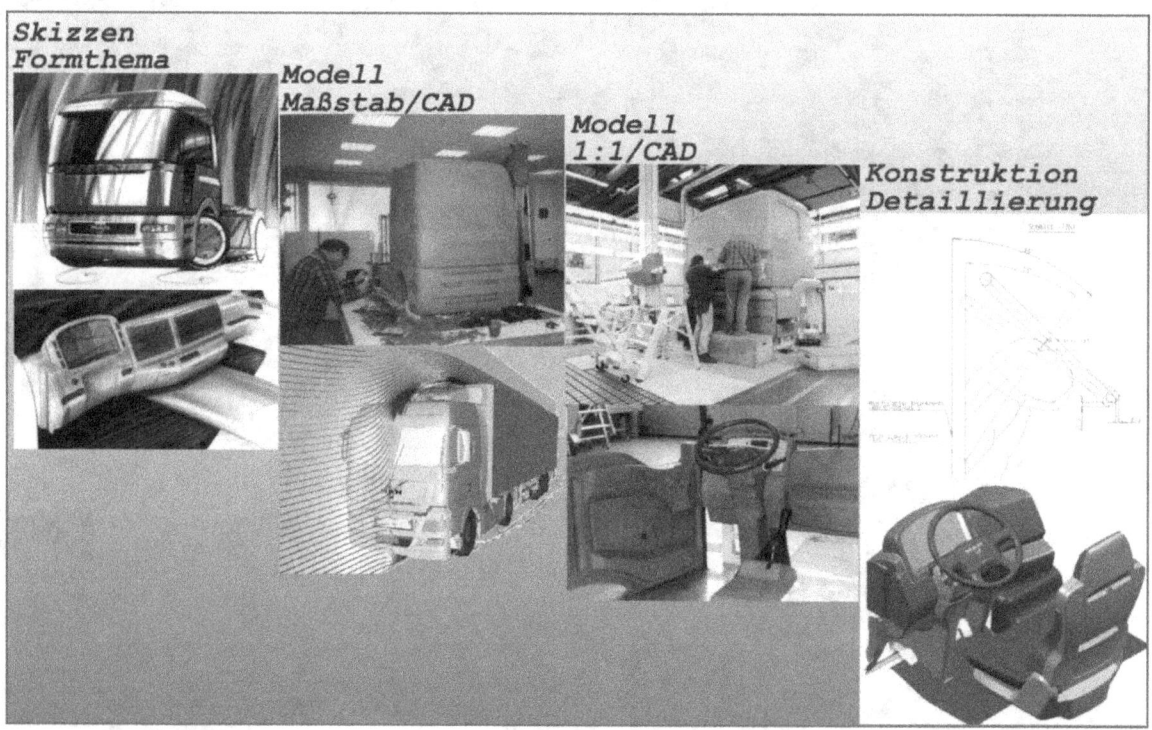

Bild 15: Designprozess
Quelle: MAN & Archiv Kraus

Das Design begleitet ab hier die konstruktive Ausarbeitung und muss Änderungen zur Sicherstellung von Kosten- und Fertigungszielen oft hinnehmen. Für die Produktpräsentation werden von der Designabteilung die Werbemaßnahmen unterstützt. Als Beispiel hier genannt die Beurteilung der Produktfotografie oder grafische und farbliche Gestaltung der Präsentationsfahrzeuge.

....wo bleiben die Visionen? ...lohnt sich das für das Nutzfahrzeug?
Die auf Messen und in der Werbung gezeigten Visionen weichen von den für die Serie entwickelten Fahrzeugen deutlich ab. Die Begründung ist relativ einfach. Die vorgestellten Visionen sind in der Regel für einzelne Nutzungsaspekte oder zu Werbezwecken als Show Car entworfen.
Als Beispiel ist im nachstehenden Bild ein Fahrzeug abgebildet, das sich besonders dem Aspekt der aerodynamischen Optimierung widmet.

Bei der Entwicklung von neuen Baureihen müssen jedoch wesentlich mehr Einflussgrößen wie oben beschrieben berücksichtigt werden. Dies erfordert vom Design, Kompromisse zu Gunsten eines guten Gesamtkonzepts zu akzeptieren.

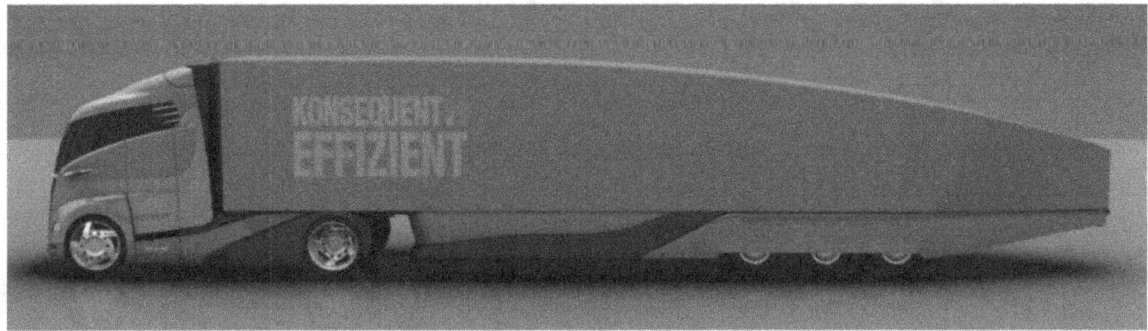

Bild 16: Vision aerodynamisch gestalteter Lkw
Quelle: Presseabt. MAN

Designvisionen und Show Cars wecken bei Kunden und besonders in der Presse Hoffnungen auf spektakuläres Design. Mit dem Serienstart von neuen Fahrzeugen werden diese Hoffnungen jedoch oft nicht erfüllt. Mit der Flut von visionären Entwürfen werden Erwartungshaltungen an neue Produkte geweckt, die aus Gründen der Praxisanforderungen nicht eingelöst werden können.

Insbesondere die hohe Anzahl an Designlösungen die heute in der Presse und in den Internetauftritten zu sehen sind erwecken den Eindruck, dass in Zukunft die Fahrzeuge fliegen können, oder sie zumindest so aussehen sollten.

Trotzdem lohnen sich die Designvisionen auch für das Nutzfahrzeug und sie haben ihre Berechtigung. Sie erinnern an mögliche Potenziale, zeigen neue technische Lösungen für Detailaspekte und sie denken über den Alltag hinaus.

Wir sollten jedoch ehrlicher mit diesen Vorschlägen umgehen und die Visionen als solche behandeln die sie sind und wie der Duden sie in seiner Definition beschreibt. Vision laut Duden: Erscheinung; Trugbild.

Quellen:
/1/ Bürdeck, E. Bernhard; Design. Geschichte Theorie und Praxis der Produktgestaltung.
   Köln 2005
/2/ Eckermann, Erick; (Hrsg.) Auto & Karosserie, Wiesbaden 2013
/3/ Selle, Gerd; Die Geschichte des Designs in Deutschland von 1870 bis heute.
   Köln Jahr 1978
/4/ Kieselbach, Ralf J.S.; Hans-Erhard Lessing; Faszination der Form, Stuttgart-Weimar 2002
/5/ Daimler Media; Internetportal der Daimler Benz AG
/6/ Wikipedia; http://de.wikipedia.org/wiki/Frontlenker
/7/ http://www.hanomag-museum.de
/8/ http://www.mantruckandbus.com
/9/ Kraus, Wolfgang; Grundsätzliche Aspekte des Automobildesign
   ATZ – MTZ Fachbuch, Hrsg. Braess/ Seiffert; Vieweg Verlag Wiesbaden 2007

www.ingramcontent.com/pod-product-compliance
Lightning Source LLC
Chambersburg PA
CBHW081813220526
45470CB00006B/2305